개정판

스크래치주니어로
시작하는 우리 아이
첫코딩

with
QRコード
※동영상 제공

김경철 · 이성주 · 오아름 공저

光文閣
www.kwangmoonkag.co.kr

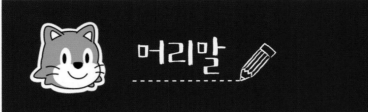
　　2016년 다보스 세계경제포럼(WEF)에서 '4차 산업혁명'이 언급되며 세계적인 화두로 떠올랐습니다. WEF는 〈일자리의 미래〉라는 보고서에서 4차 산업이 중심이 되는 미래 사회는 사무, 행정, 제조, 건설 등의 직업군이 감소하고 재무, 경영, 컴퓨터, 수학 등의 직업군이 증가할 것이라고 이야기했습니다. 그리고 2020년 요구되는 직무역량으로 복합 문제 해결 능력, 협업 능력, 비판적 사고, 의사 결정 능력, 창의성 등 로봇이 대체할 수 없는 인간 본연의 역량을 갖춘 창의·융합형 인재를 강조했습니다.

　　기업은 4차 산업혁명을 대비하는 직원들의 능력으로 소프트웨어 기술력을 강조하고 있습니다. "자동차는 기름이 아니라 소프트웨어로 달린다." 디터 제체(Dieter Zetsche) 메르세데스-벤츠 자동차 그룹 회장이 2012년 CES(International Consumer Electronics Show) 기조연설에서 한 말입니다. 에디슨 종합 전기 회사(Edison General Electric Company)에서 출발한 세계 최대 발전설비 기업 '제너럴 일

렉트릭(GE)’의 CEO 제프리 이멜트(Jeffrey Immelt) 회장은 “오늘은 제조기업 직원으로 잠들지만, 내일은 소프트웨어기업 직원으로 일어나야 할 것이다.”라고 이야기하며 2020년까지 ‘지식과 경험이 결합된 소프트웨어 서비스’를 통해 대표적인 디지털 산업 기업이 되겠다는 계획을 실행하고 있습니다.

우리나라 교육은 4차 산업혁명 시대를 대비하는 소프트웨어 기술력의 기초 능력을 다지기 위해 2018년 중학교를 시작으로 2019년에는 초등학교 5, 6학년에 대한 소프트웨어 교육이 시작됩니다. 이를 통해 궁극적으로 논리적 사고력, 비판적 사고력, 문제 해결력, 자기주도 학습 능력, 창의성 등을 갖춘 창의·융합형 인재를 양성하는 것이 목적입니다.

스크래치 주니어는 아이들이 본격적인 코딩교육을 맞이함에 앞서 흥미롭고 재미있게 ‘코딩’이란 무엇인지 알아보고, 컴퓨터를 활용한 ‘코딩교육’에 관심을 갖고 집중할 수 있는 경험을 만들어 줄 것입니다.

이를 위해 이 책은 다음과 같이 구성되어 있습니다.

1장, 코딩이란 무엇인지 알아보고, 유아 코딩교육이 필요한 이유에 대해 설명합니다.

2장, 스크래치 주니어를 설치하는 방법에 대해 설명하고, 기본 기능과 하나의 프로젝트를 구성하는 방법에 대해 차근차근 소개합니다.

3장, 다양한 예시를 함께 진행하며 스크래치 주니어를 즐겁게 익

혀나갈 수 있도록 도와줍니다.

　4장, 8개의 과제를 통해 나만의 프로젝트를 만들어 봄으로써 성취감을 느끼고 습득한 방법을 바탕으로 새 프로젝트를 만들어 볼 수 있는 능력을 갖추도록 도와줍니다.

　특히 각 장별로 QR코드를 통해 스크래치 주니어로 만든 프로젝트 동영상을 제공해 줌으로써 부모님과 아이들이 쉽고 재미있게 스크래치 주니어를 경험할 수 있도록 구성하였습니다. 누구나 쉽게 따라 할 수 있는 스크래치 주니어를 통해 자연스럽게 코딩의 즐거움을 느껴보시기 바랍니다.

　아울러 이 책이 출간되기까지 물심양면으로 애써주신 광문각 박정태 회장님과 임직원 여러분께 감사의 말씀을 드립니다.

2019년 2월

저자 일동

TIP! QR코드 활용하기

CHAPTER 3　따라하며 배우는 스크래치 주니어

CHAPTER 4   도전! 나만의 스크래치 주니어 프로젝트 만들기

Chapter 1

코딩의 이해

코딩(Cording)에 대해 들어 보셨나요?
전 세계적인 유명인사 Facebook의 CEO인 마크 저커버그(Mark Elliot Zuckerberg), 제44대 미국 대통령 버락 오바마(Barack Obama), Microsoft 설립자 빌 게이츠(Bill Gates) 등이 강조하고, 2018년 중학생, 2019년 초등학생에 대한 소프트웨어 기초교육 실시로 학부모들의 이목을 끌고 있는 코딩! 그것이 알고 싶다!
지금 시작합니다.

Chapter 1
코딩의 이해

1. 코딩(Cording)이란?

컴퓨터와 대화하기 위해 인간이 사용하는 언어가 바로 코딩입니다.

코딩이란 무엇일까요? 부모님과 아이들 모두가 쉽게 이해할 수 있도록 다양한 방법으로 설명해보겠습니다.

첫째, 부모님들께서는 옛날 크고 검은 화면의 컴퓨터를 기억하시나요? 부모님이 컴퓨터를 배우던 시절 컴퓨터를 가르치던 선생님은 다양한 기호와 영어를 써서 컴퓨터를 실행시키는 방법을 알려주셨습니다. 컴퓨터는 복잡한 입력어를 정확히 집어넣었을 때 사용자가 원하는 화면을 실행해 주었죠. 그 입력어를 컴퓨터에 작성하는 과정, 그것이 바로 코딩입니다.

둘째, 전 세계에 살고 있는 사람들은 나라나 민족별로 다양한 언어를 사용하고 있지요. 따라서 국적이 다른 사람이 서로 의사소통을

하기 위해서는 두 사람 모두가 사용하고 이해할 수 있는 공동의 언어가 필요합니다. 현재 지구촌은 가장 널리 사용하는 공용어로 영어를 쓰고 있죠. 이와 같은 의미에서 컴퓨터는 다른 나라에 살고 있다고 할 수 있습니다. 다양한 컴퓨터 프로그램들이 이해할 수 있는 언어가 따로 있죠. 사람이 컴퓨터에게 자신이 원하는 것을 알리기 위해서 사용하는 언어가 코드(Code)이고, 코드를 입력하는 과정이 코딩입니다.

코딩이라는 말을 익숙하게 사용하지 않을 뿐 우리는 일상생활 속에서 항상 코딩을 하고 있습니다. 외출했다 집에 들어갈 때 우리가 사용하는 엘리베이터에서 우리는 내리고 싶은 층의 버튼을 누릅니다. 엘리베이터는 버튼을 인식하고 해당하는 층에 우리를 내려주지요. 우린 엘리베이터와 숫자 버튼이라는 코드로 의사소통을 한 것입니다. 버튼을 누르는 과정 중에 코딩이라는 행동도 했죠. 이렇듯 우리 생활 속에서 수시로 이루어지고 있는 것이 바로 코딩입니다.

생각하는 힘을 키우고, 스스로 문제를 해결할 수 있는 능력을 기르기 위해 필요한 경험입니다.

오늘날 우리는 4차 산업혁명 시대를 살고 있습니다. 4차 산업혁명이란 정보통신기술(ICT)과 물리적 공간, 디지털적 공간, 생물학적 공간 등의 기술 융합을 의미합니다. 쉽게 말해 첨단 기술이 가정생활에서부터 과학, 의료, 기술 등 다양한 전문 분야까지 깊숙히 스며들어 있는 시대를 말합니다. 휴대전화, 청소용 로봇, 태블릿, 노트북, 데스크톱, 현금자동인출기(ATM), 버스노선검색기계 등 우리 주변에서 볼 수 있는 첨단기술 프로그램은 너무도 많습니다.

인공지능의 비약적인 발전으로 4차 산업혁명 시대를 살아갈 미래형 인재에게 요구되는 능력은 습득한 지식을 바탕으로 정해진 답을 찾는 것이 아니라 스스로 문제를 찾고, 해결할 수 있는 능력이 되었습니다. 세계적인 미래학자 중의 한 사람인 다니엘 핑크(Daniel H. Pink)는 저서 《새로운 미래가 온다》에서 미래형 인재의 6가지 조건으로 디자인, 스토리, 조화, 공감, 유희, 의미를 들었습니다. 물질부터 사람까지 각양각색의 개성이 넘치는 사회에서 기존에 강조되었던 특별한 기능, 논리를 바탕으로 한 주장, 한 가지에 대한 집중, 진지함, 물질의 축적 등은 더 이상 사람들의 선택의 요소가 될 수 없다는 것입니다. 사람들의 매력을 끌 수 있는 디자인, 공감할 수 있는 스토리, 진지함을 넘어선 유희, 주변과의 조화, 가치가 있는 의미 등이 미래 사회에서 사람들이 무엇인가를 선택하는 요소가 될 것이고,

따라서 그것을 갖춘 인재가 미래를 이끌어 나갈 수 있습니다. 그런 점에서 코딩은 미래형 인재가 되기 위해 아이들이 반드시 경험해야만 하는 하나의 활동이 되었습니다.

코딩을 하는 과정에서 우리는 앞서 말한 여섯 가지의 능력을 키워 나갈 수 있는 경험을 할 수 있습니다. 이야기를 가진 하나의 프로젝트를 완성함으로써 다양한 디자인 구성 경험을 키울 수 있고, 다양한 캐릭터와 배경이 조화를 이루도록 구성하는 과정을 경험하며, 스토리를 만들 수 있습니다. 또한 각자의 생각과 의미를 가지고 만든 프로젝트를 주변 사람과 공유하면서 유희를 즐기고, 공감을 나누는 경험을 가질 수 있습니다.

어른들이 인식하지 못하는 사이, 아이들은 생활속에서 코딩을 경험하고 있습니다. 어른들이 식당에서 아이들에게 건네준 스마트폰과 태블릿 PC 안에서 원하는 앱을 선택하고 앱의 규칙에 따라 버튼을 누르고 실행시키는 과정에서부터 간단한 코딩이 이루어지고 있는 것이죠. 코딩교육이라고 해서 어른들이 생각하는 것처럼 어려운 프로그래밍 언어를 가지고 기술적이고 지식적으로 접근할 필요가 없습니다. 특히 아이들이 흥미와 호기심을 가지고 아이들의 수준에 맞는 방법으로 스토리가 있는 디자인을 구성하고, 주변 사람과 생각과 경험을 나누며 하나의 프로젝트를 완성해서 놀이할 수 있는 스크래치 주니어가 그 시작을 도울 수 있을 것입니다.

3. 스크래치 주니어

> 스크래치 주니어는 유치원생과 초등학교 저학년도 코딩을 쉽게 접하고 배울 수 있도록 스크래치를 기반으로 개발한 프로그래밍 언어입니다.

스크래치 주니어는 많은 청소년이 사용하고 있는 인기 코딩교육 프로그램인 '스크래치' 를 바탕으로 미국 터프츠대학 마리나 유머시버스 교수가 책임자로 있는 엘리엇-피어슨 아동학 및 인간 발달학과의 데브테크 리서치 그룹과 미첼 레스닉 교수가 책임자인 MIT 미디어랩의 평생 유치원 연구 그룹이 개발하였습니다. 초기에는 아이패드나 안드로이드 태블릿 PC에서 다운로드 및 설치할 수 있도록 개발되었으며, 현재는 크롬 OS 기반의 PC와 웹에서도 제작과 편집을 할 수 있도록 개발이 진행되고 있습니다.

스크래치 주니어는 만 5세에서 7세의 유치원생과 초등학교 저학년 어린이를 대상으로 아이들이 쉽게 사용할 수 있도록 블록형으로 제작되었습니다. 스크래치는 블록에 색상과 명칭으로 블록의 기능을 알 수 있도록 표시되어 있으나, 스크래치주니어는 대상 연령의 인지 발달 수준을 고려하여 다양한 그림과 색상으로 각 블록의 기능을 알고 소프트웨어 교육을 할 수 있도록 구성되어 있습니다.

스크래치 주니어 시작하기

일상생활 속에 녹아 있는 코딩에 대해 이해하는 시간을 갖고 나니 코딩이 쉬워지셨죠? 이제 어린 친구들도 쉽고 재미있게 코딩을 경험할 수 있는 스크래치 주니어의 화면의 구성에서부터 하나하나의 기능까지 함께 알아보겠습니다.
단순한 그림 블록의 나열로 나만의 이야기를 만들 수 있는 유익한 시간이 될 거예요. 쉽고 즐겁게 다가가 봅시다!

Chapter 2
스크래치 주니어 시작하기

 알아두기

손가락으로 스크래치 주니어를 조작하는 방법은 탭, 롱탭, 드래그 세 가지가 있습니다. 이 책에서는 다음과 같이 표시합니다.

	탭 Tap	살짝 두드리기
	롱탭 Long Tap	오래 누르기
→	드래그 Drag	끌어서 놓기

1) 태블릿 또는 스마트폰에 설치하기

① 안드로이드에서는 Play 스토어, 아이패드에서는 앱스토어에 들어가서 검색어 'Scratchjr'을 입력합니다.

② 'ScratchJr' 앱을 선택한 후 다운로드 버튼을 클릭하여 설치합니다.

기존에는 태블릿에서만 사용이 가능했지만 최근 업데이트를 통해 스마트폰에서도 사용이 가능하게 되었습니다. 하지만 스마트폰은 화면이 작아 유아나 초등 저학년 학생이 스크래치주니어를 사용하기에 불편한 만큼 태블릿에 설치하는 것을 추천합니다.

2) 컴퓨터에 설치하기

데스크톱에서도 스크래치 주니어를 사용할 수 있습니다. 태블릿이나 스마트폰 사용이 어려운 경우 아래의 방법에 따라 PC나 노트북에 스크래치주니어를 설치 후 활용해보시기 바랍니다.

① 인터넷 주소 입력창에 https://jfo8000.github.io/ScratchJr-Desktop을 입력하거나 google 검색창에 '스크래치주니어 PC'를 검색하여 스크래치주니어 PC용 다운로드 사이트에 접속합니다.

② 운영체제(Mac or Windows)에 맞는 설치프로그램을 다운 받습니다.

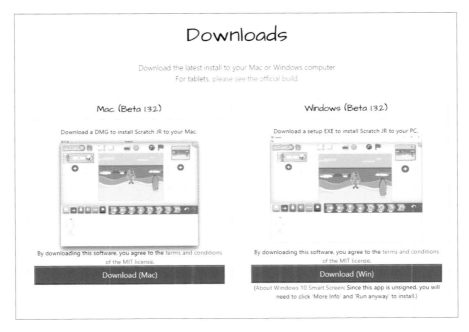

③ 다운받은 파일을 실행합니다.

1) 화면 구성 알아보기

화면을 하나씩 살펴볼까요? 프로젝트 창의 화면은 캐릭터 영역, 무대, 페이지 영역, 프로그래밍 영역의 네 부분으로 구성되어 있습니다.

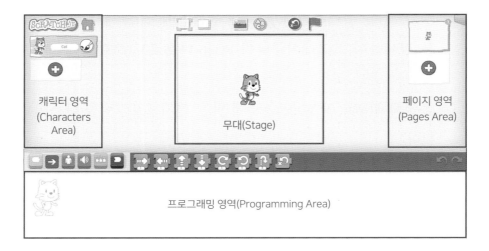

- 캐릭터 영역(Characters Area): 캐릭터를 추가하거나 삭제할 수 있으며 프로젝트에 추가된 모든 캐릭터가 표시되는 영역입니다.
- 무대(Stage): 프로젝트의 무대입니다. 캐릭터에게 어떤 움직임을 하도록 코딩을 하고 실행하면 캐릭터가 우리가 코딩한 대로 무대 위에서 움직이게 됩니다.
- 페이지 영역(Pages Area): 프로젝트에는 한 장의 페이지부터 여러 장의 페이지가 들어갈 수 있습니다. 프로젝트에 코딩된 페이지 목록이 이 영역에 나타납니다.

- 프로그래밍 영역(Programming Area): 이야기 저장소입니다. 우리가 만들고 싶은 이야기에 따라 코딩 블록을 나열하면 캐릭터가 움직입니다.

2) 버튼 알아보기

스크래치 주니어를 활용하기 위해 필요한 다양한 버튼들에 대해 하나씩 살펴보겠습니다.

모양	이름	기능
	홈	스크래치 주니어 시작 화면으로 돌아갑니다.
	프레젠테이션 모드 (전체화면)	만든 프로젝트를 프레젠테이션 모드(전체 화면)로 실행합니다.
	그리드	그리드 버튼을 누르면 무대에 가로세로 좌표와 눈금이 표시됩니다.
	배경 화면	무대에 다양한 그림의 배경 화면을 꾸며 넣을 수 있습니다.
	문자 입력	배경에 문자를 입력하고 글자 크기와 색을 변경합니다.
	캐릭터 되돌리기	캐릭터가 위치를 이동한 다음 이 버튼을 누르면 처음 위치로 이동합니다.
	초록색 깃발	초록색 깃발이 그려진 블록으로 시작하는 스크립트가 구성되어 있을 때 이 버튼을 선택하면 스크립트가 실행됩니다.

모양	이름	기능
	프로젝트 저장	프로젝트 이름을 변경할 수 있는 창이 나타나 원하는 이름으로 저장할 수 있습니다.
	추가	버튼이 위치한 영역의 대상을 추가할 수 있습니다.
	삭제	버튼이 나타난 대상을 삭제할 수 있습니다.
	저장	버튼이 나타난 영역에서 선택한 대상을 저장할 수 있습니다.
	취소	버튼이 나타난 영역의 작업 수행을 멈추고 홈 화면으로 돌아옵니다.
	그림 편집기	새로운 그림을 그리거나 기존의 그림들을 수정할 수 있습니다.
	뒤로 되돌리기	수행하던 작업의 뒤로 돌아갑니다.
	앞으로 되돌리기	수행하던 작업의 앞으로 돌아갑니다.

3) 블록 알아보기

하나의 프로젝트를 완성하기 위해 우리가 캐릭터를 움직이는데 사용하는 블록에 대해 알아보도록 하겠습니다.

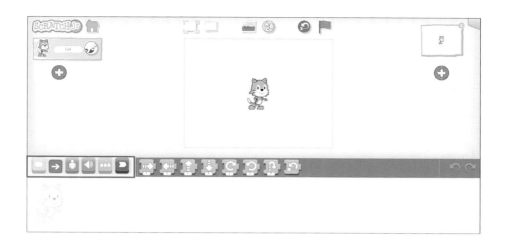

　빨간 상자 안의 블록들이 보이시나요? 스크래치 주니어의 모든 블록은 빨간 상자 안의 여섯 가지의 색깔블록으로 구분되어 있습니다.

모양	이름	기능
	시작	스크립트를 시작하는 블록 모음
	동작	움직임을 지시하는 블록 모음
	모습	캐릭터의 모양을 바꿀 수 있는 블록 모음
	소리	스크립트에 소리를 넣는 블록 모음
	조절	블록의 실행을 조절하는 블록 모음
	끝	스크립트를 끝내는 방법을 설정하는 블록 모음

여섯 가지 기능의 블록 모음을 하나씩 살펴보면 다음의 표와 같습니다.

시작 블록

- - - - - - - -

모양	이름	기능
	초록색 깃발로 시작하기 Start On Green Flag	초록색 깃발을 탭하여 스크립트를 시작합니다.
	탭하여 시작하기 Start On Tap	캐릭터를 탭하여 스크립트를 시작합니다.
	만나서 시작하기 Start On Touch	다른 캐릭터와 만나면 스크립트를 시작합니다.
	메시지 시작하기 START ON Orange MESSAGE	해당 색깔의 메시지를 받으면 스크립트를 시작합니다.
	시작 메시지 보내기 SEND Orange START MESSAGE	지정한 색깔의 시작 메시지를 보냅니다.

동작 블록

- - - - - - - -

모양	이름	기능
	오른쪽으로 이동 Move Right	캐릭터가 지정한 숫자만큼 오른쪽으로 이동합니다.
	왼쪽으로 이동 Move left	캐릭터가 지정한 숫자만큼 왼쪽으로 이동합니다.
	위로 이동 Move Up	캐릭터가 지정한 숫자만큼 위로 이동합니다.

모양	이름	기능
	아래로 이동 Move Down	캐릭터가 지정된 숫자만큼 아래로 이동합니다.
	오른쪽으로 회전 Turn Right	캐릭터를 지정한 숫자만큼 오른쪽으로 회전시킵니다. 12번 돌면 한 바퀴를 회전하여 제자리로 돌아옵니다.
	왼쪽으로 회전 Turn Left	캐릭터를 지정한 숫자만큼 왼쪽으로 회전시킵니다. 12번 돌면 한 바퀴를 회전하여 제자리로 돌아옵니다.
	점프 Hop	캐릭터가 지정한 숫자만큼 점프했다 다시 제자리로 돌아옵니다.
	홈으로 돌아가기 Go Home	설정된 블록의 움직임대로 돌아다니던 캐릭터가 시작 위치로 이동합니다.

모양 블록

모양	이름	기능
	말하기 Say	캐릭터 위로 입력한 문자가 말풍선에 나타납니다.
	키우기 Grow	캐릭터의 크기를 크게 키웁니다.
	줄이기 Shrink	캐릭터의 크기를 작게 줄입니다.
	원래 크기로 돌아가기 Reset Size	캐릭터의 크기를 원래 크기로 돌립니다.

모양	이름	기능
	숨기기 Hide	캐릭터를 천천히 사라지게 합니다.
	보이기 Show	캐릭터가 천천히 나타나도록 합니다.

소리 블록

모양	이름	기능
	팝 Pop	"틱" 소리를 냅니다.
	녹음된 소리 재생하기 Play Recorded Sound	원하는 소리를 녹음하고 재생하도록 합니다.

조절 블록

모양	이름	기능
	기다리기 Wait	블록에 적힌 숫자동안 스크립트를 멈추었다가 다시 실행하게 합니다.
	멈추기 Stop	스크립트를 멈추게 합니다.
	속도 조절하기 Set Speed	블록들의 실행속도를 빠르게, 보통, 느리게의 세단계로 조절합니다.
	반복하기 Repeat	반복하기 블록 안에 있는 스크립트를 지정한 숫자만큼 반복해서 실행합니다.

마무리 블록

모양	이름	기능
	끝내기 End	스크립트가 끝이라는 것을 표시합니다.
	무한 반복하기 Repeat Forever	스크립트를 끝없이 반복 실행합니다.
	페이지 이동 Go to Page	지정된 페이지로 이동합니다.

3. 시작하기

　스크래치 주니어 '열기'를 선택하면 가장 처음 위와 같은 화면이
실행되는 것을 볼 수 있습니다. 동그라미 속 집 모양(홈버튼)을 선택
해서 홈 화면으로 가보세요.

1) 프로젝트 생성하기

① 홈 화면이 나타났습니다. 'My Projects'라고 적힌 탭과 그 아래 가 있는 하얀 네모가 보이시죠. 앞으로 우리가 만드는 이야기가 프로젝트라는 이름으로 저장될 곳입니다.

를 한 번 눌러볼까요?

② 이야기를 만들 수 있는 프로젝트 창이 열렸습니다. 이 화면에서 코딩을 하여 이야기를 만들고 실행하고 저장할 수 있습니다. 고양이 밑의 를 탭하여 새로운 캐릭터를 만들 수 있습니다. 새로운 캐릭터를 추가해 봅시다.

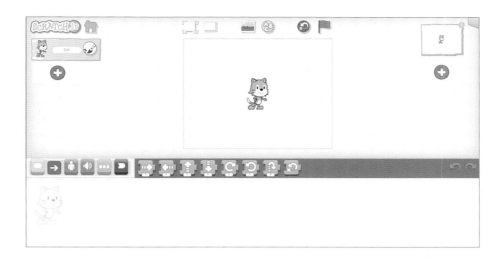

2) 캐릭터 추가/삭제하기

① 캐릭터 영역의 ➕를 클릭합니다.

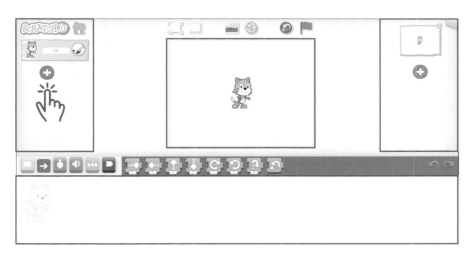

② 아래와 같은 화면이 실행됩니다. 다양한 캐릭터가 나왔죠. 고양이 캐릭터와 함께 이야기 속에 등장시키고 싶은 캐릭터를 선택합니다.

코끼리를 한 번 넣어볼까요? 코끼리를 선택하고
오른쪽 위의 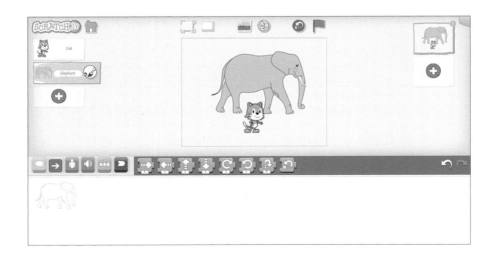 버튼을 눌러 줍니다.

③ 프로젝트 창의 무대에 고양이와 코끼리가 나란히 생긴 것이 보
   이시나요? 캐릭터 영역에도 코끼리가 생긴 것을 볼 수 있습니
   다. 캐릭터가 노란색으로 선택되었을 때 코딩 블록을 드래그하
   여 프로그래밍 영역에 옮겨 놓으면 해당 캐릭터가 움직이게 됩
   니다.

④ 캐릭터를 삭제하고 싶을 때는 어떻게 할까요? 무대 위의 코끼리
를 롱탭으로 선택하면 버튼이 나타납니다. 이 버튼을 선택
하여 삭제할 수 있습니다.

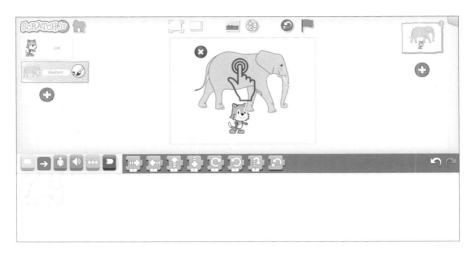

3) 페이지 추가/삭제하기

① 이번에는 페이지를 추가해 볼까요? 페이지 영역의 를 탭하
여 페이지를 추가합니다.

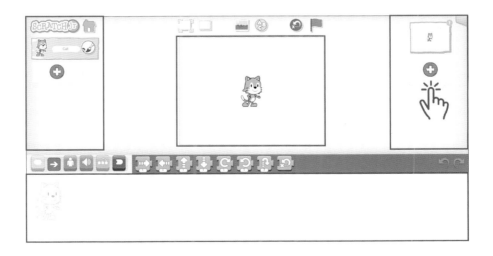

② 새롭게 나타난 페이지가 보이시죠? 여러 장의 페이지를 다양한
　이야기 구성으로 꾸며서 프로젝트 하나를 완성하면 이 부분에
　여러 장의 페이지가 생성되는 것입니다.

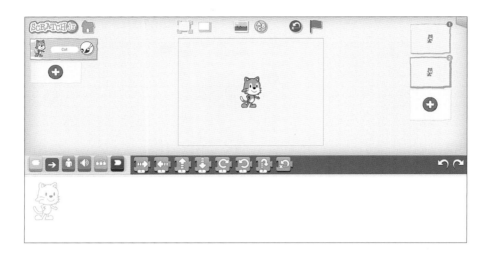

③ 페이지를 삭제하는 방법은 캐릭터 삭제와 같습니다. 페이지를
　롱탭하여 선택합니다. ⊗ 버튼이 나타납니다. 이 버튼을 선택
　하여 삭제합니다.

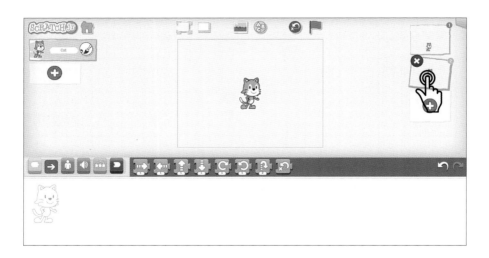

'QR코드(Quick Response Code)'는 사각형의 가로세로 격자무늬에 다양한 정보를 담고 있는 2차원 형식의 코드입니다. QR코드를 활용하면 누구나 쉽게 다양한 정보를 만들고 공유할 수 있습니다. 이책은 부모님과 아이들이 스크래치 주니어를 더욱 쉽고 재미있게 배울 수 있도록 각 장마다 QR코드를 넣어두었습니다. QR코드를 스캔하면 스크래치 주니어로 만든 다양한 프로젝트 동영상을 보실 수 있습니다. QR코드를 스캔하는 방법에 대해 알아볼까요?

① NAVER 사이트에 접속한 후 스마트 렌즈를 실행합니다(NAVER 어플에서도 사용 가능합니다).

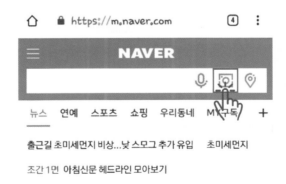

② 책에 나와 있는 QR코드를 비추면 화면 상단에 정보가 나타납니다.

③ 정보를 탭하면 해당 사이트로 연결되며, 스크래치 주니어로 만든 프로젝트 동영상을 볼 수 있습니다.

자 이제 모든 준비가 끝났습니다. 다양한 예제와 함께 스크래치 주니어의 재미를 느껴볼까요?

Chapter 3

따라 하며 배우는
스크래치 주니어

스크래치 주니어

<스크래치 주니어
사이트 연결>

이제 스크래치 주니어를 시작할 준비가 되셨나요?
이번 장에서는 스크래치 주니어 홈페이지에서 제공
하는 예제들을 따라 해보면서 스크래치 주니어에
대해 자세히 알아보겠습니다. 동작 블록과 모양 블
록들을 이용해 다양하게 움직이는 재미난 캐릭터들
을 만들어 볼 수 있습니다. 장면을 전환하고 캐릭터
들끼리 서로 이야기를 나눌 수도 있습니다.
재미있고 쉬운 스크래치 주니어의 매력 속으로
이제 출발합니다.

따라 하며 배우는 스크래치 주니어

프로젝트 1. 도시 드라이브(Drive Across the City)

- 자동차가 도시의 도로를 달립니다.
- 동작 블록을 이용하여 캐릭터를 원하는 곳까지 이동할 수 있습니다.

1. 이번에 만들 프로젝트는?

- 자동차가 도시의 도로를 달리도록 하는 프로젝트입니다.
- 자동차 한 대가 도로 한쪽 끝에서 반대쪽까지 직선으로 움직입니다.

도시 드라이브

2. 이번 프로젝트에서 배울 내용은?

- 프로젝트 배경을 바꿀 수 있습니다.
- 기존 캐릭터를 삭제하고 새로운 캐릭터를 추가할 수 있습니다.
- 캐릭터 크기를 작게 만들 수 있습니다.
- 캐릭터를 앞으로 움직일 수 있습니다.
- 블록이 실행되는 횟수를 조정할 수 있습니다.
- 초록색 깃발을 탭하여 프로젝트를 시작할 수 있습니다.
- 캐릭터를 원래 위치로 되돌릴 수 있습니다.
- 프로젝트 이름을 변경하여 저장할 수 있습니다.
- 프레젠테이션 모드로 프로젝트를 전체 화면에서 실행시킬 수 있습니다.

3. 이번 프로젝트에서 사용할 블록들과 기능은?

	초록색 깃발로 시작하기 Start On Green Flag	초록색 깃발을 탭하여 스크립트를 시작합니다.
	오른쪽으로 이동 Move Right	숫자만큼 오른쪽으로 이동합니다.
	끝내기 End	스크립트가 끝이라는 것을 표시합니다.
	줄이기 Shrink	캐릭터의 크기를 작게 줄입니다.

	프레젠테이션 모드	만든 프로젝트를 프레젠테이션 모드(전체 화면)로 실행합니다.
	그리드	그리드 버튼을 누르면 무대에 가로세로 좌표와 눈금이 표시됩니다.
	캐릭터 되돌리기	캐릭터가 위치를 이동한 다음 이 버튼을 누르면 처음 위치로 이동합니다.

4. 프로젝트 준비하기

1) 배경 변경하기

① 배경을 변경할 페이지를 선택하고
② 배경 변경 버튼을 탭합니다.

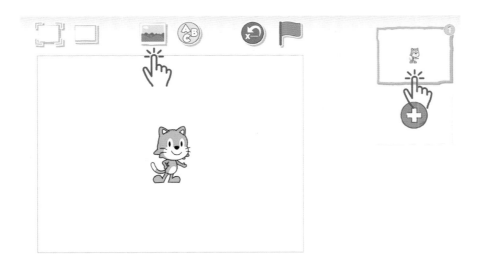

③ 배경 그림 중 도시(City) 를 선택하고

④ 선택 완료 버튼을 탭하여 배경을 설정합니다.

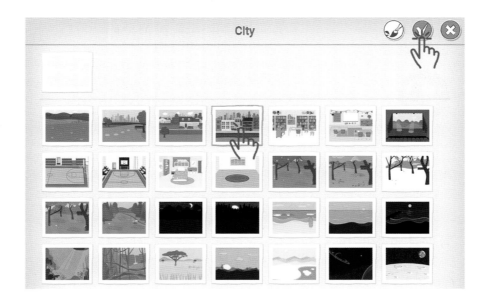

2) 캐릭터 삭제하기

① 스크래치 캣을 롱탭하여 삭제 가능 상태를 만든 후

② ❌ 표시 버튼을 탭하여 삭제합니다.

3) 캐릭터 추가하기

① 캐릭터 영역에 있는 ➕ 추가 버튼을 탭하여 캐릭터 라이브러리
　화면을 엽니다.

② 자동차(Car)를 선택하고
③ 선택 완료 버튼을 탭하여 캐릭터를 만듭니다.

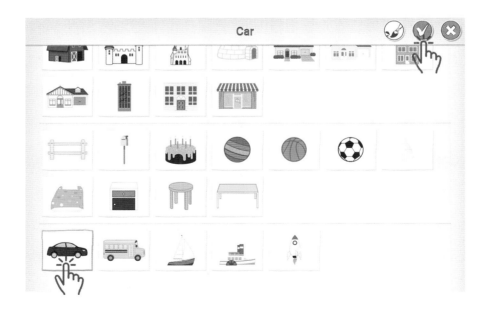

4) 캐릭터 크기 조정하기

① '줄이기' 블록을 프로그래밍 영역에 드래그해서 놓습니다.

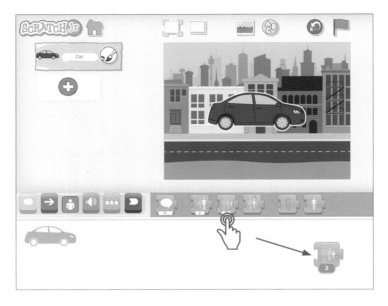

② '줄이기' 블록의 숫자를 탭하면 숫자 영역이 진하게 변하면서 수
    정 가능한 상태임이 표시되고 오른편에 숫자 패드가 생깁니다.

③ 숫자 키패드에 4를 입력하고, 프로그래밍 영역의 아무 곳이나
    탭하면 숫자 패드가 사라지면서 숫자 입력이 완료됩니다.

④ '줄이기' 블록을 한번 누를 때 마다 숫자 크기만큼 캐릭터가 작
    아집니다.

5) 캐릭터 위치 조정하기

① 그리드 버튼을 눌러서 그리드 기능을 켭니다.

② 자동차를 드래그하여 가로 방향으로 첫 번째, 세로 방향으로 네 번째 위치에 놓습니다(그리드 버튼을 다시 한번 누르면 그리드 기능이 해제됩니다).

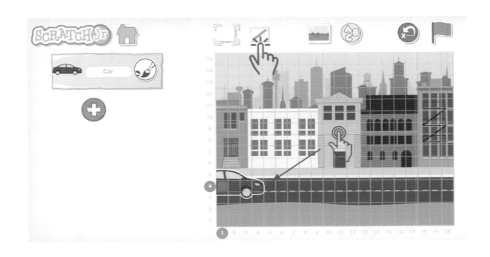

5. 프로젝트 따라 하기

1) 캐릭터 움직이기

① '초록색 깃발로 시작하기' 블록을 프로그래밍 영역에 놓습니다.

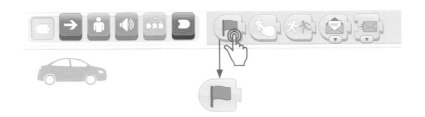

② '오른쪽으로 이동' 블록을 '초록색 깃발로 시작하기' 블록 가까이 드래그하여 서로 연결합니다.

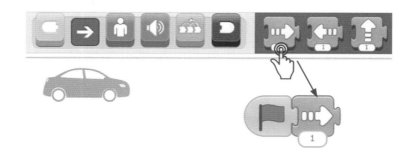

③ '오른쪽으로 이동' 블록의 숫자를 18로 변경합니다.

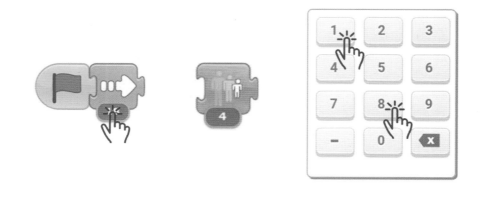

④ '끝내기' 블록을 드래그하여 '오른쪽으로 이동' 블록과 연결합니다.

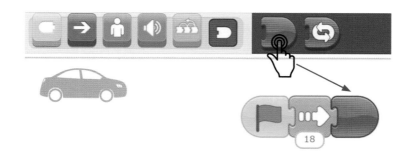

⑤ 초록색 깃발을 탭하여 자동차가 움직이는지 확인합니다.

⑥ 캐릭터 되돌리기 버튼을 탭하여 자동차를 다시 원래 위치로 옮
   깁니다.

2) 프레젠테이션 모드로 보기

① 프레젠테이션 모드 버튼을 탭합니다.

② 무대가 전체 화면으로 나타납니다.

③ 초록색 깃발을 탭하여 프로젝트를 실행하면 더욱 큰 화면에서 자신의 프로젝트를 실행해 볼 수 있습니다.

④ 프레젠테이션 모드 나가기 버튼을 누르면 다시 스크래치 주니어 기본 화면으로 돌아갑니다.

3) 프로젝트 저장하기

① 스크래치 주니어는 프로젝트를 자동으로 저장하지만 사용자가 이름을 지정하여 저장할 수도 있습니다. 화면 오른쪽 상단의 진한 노란색 부분을 탭합니다.

② 노란색 화면 중앙에 Project 2(기본 제목)이라고 적혀 있는 입력
  란을 탭하면 제목을 수정할 수 있는 키패드가 생깁니다.

③ 자신이 원하는 프로젝트 제목을 타이핑해 봅니다.
④ 오른쪽 상단의 완료 버튼을 탭하여 프로젝트를 저장합니다.

• 자동차(Car)

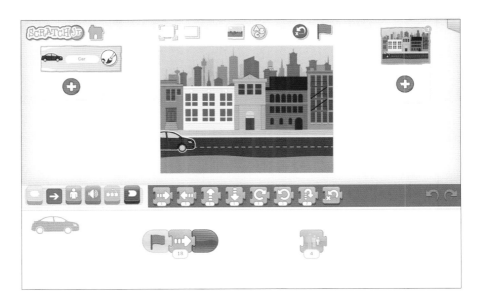

7. 생각해 보기

• 자동차를 노란색 건물 앞에까지만 움직이게 하려면 어떻게 하면
  좋을까요?
• 인도나 하늘에 다른 캐릭터를 추가하여 자동차와 함께 움직이게
  만들어 보세요.

프로젝트 2. 달리기 경주(Run a Race)

- 들판에서 동물들이 달리기 경주를 합니다.
- 속도 조절 블록을 사용해서 동물들의 속도를 변경할 수 있습니다.

1. 이번에 만들 프로젝트는?

- 들판에서 동물들이 달리기 경주를 하는 프로젝트입니다.
- 돼지, 강아지, 토끼 캐릭터의 속도를 다르게 하여 화면 반대쪽까지 움직여 봅니다.

달라기 경주

2. 이번 프로젝트에서 배울 내용은?

- 캐릭터의 속도를 조절할 수 있습니다.
- 블록들을 다른 캐릭터에게 복사할 수 있습니다.

3. 이번 프로젝트에서 사용할 블록들과 기능은?

	속도 조절하기 Set Speed	블록들의 실행 속도를 빠르게, 보통, 느리게의 세 단계로 조절합니다.

4. 프로젝트 준비하기

1) 배경 변경하기

① 배경을 변경할 페이지를 선택하고,

② 배경 변경 버튼을 탭합니다.

③ 배경 그림 중 농장(Farm)을 선택하고

④ 선택 완료 버튼을 탭하여 배경을 설정합니다.

2) 캐릭터 추가 및 이동하기

① 스크래치 캣을 삭제합니다.

② 캐릭터 라이브러리 화면을 열어 돼지(Pig)를 선택하고,

③ 선택 완료 버튼을 탭하여 캐릭터를 추가합니다.

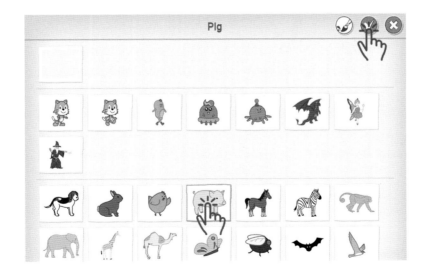

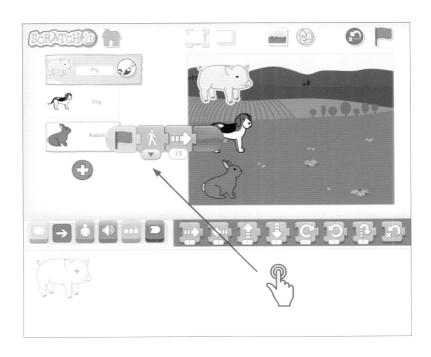

③ 캐릭터 영역의 개(Dog)를 탭하여 선택하고,

④ '속도 조절' 블록의 속도를 '빠르게'로 변경합니다.

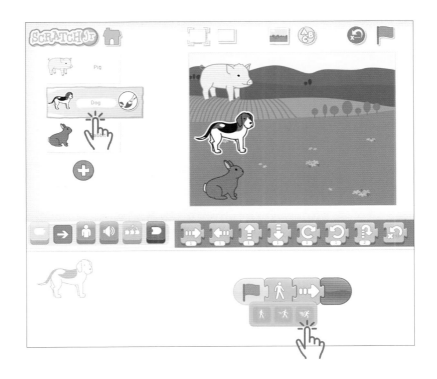

⑤ 캐릭터 영역의 토끼(Rabbit)를 탭하여 선택하고,

⑥ '속도 조절' 블록의 속도를 '보통'으로 변경합니다.

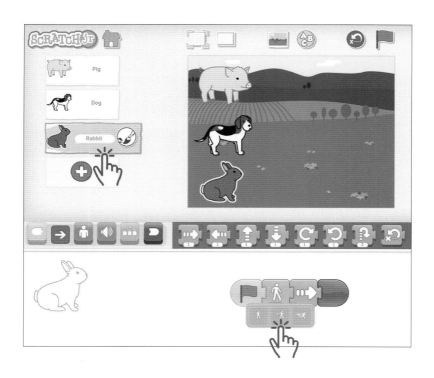

⑦ 초록색 깃발을 탭하여 동물들이 어떻게 움직이는지 확인합니다.

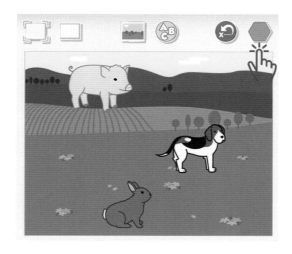

3) 프로젝트 마무리하기

① 프레젠테이션 모드에서 프로젝트를 확인합니다.

② 프로젝트를 저장합니다.

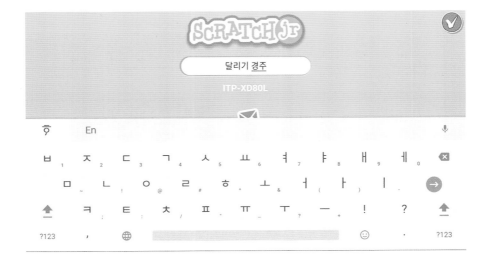

• 돼지(Pig)

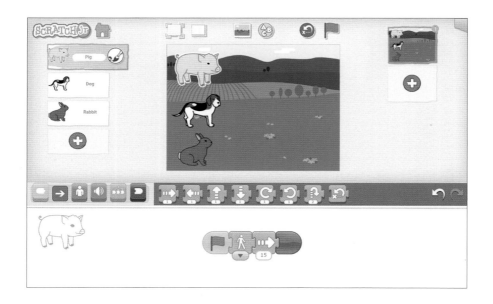

• 개(Dog)

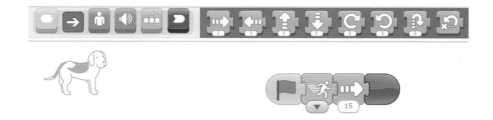

• 토끼(Rabbit)

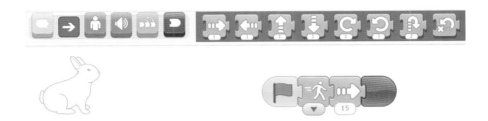

7. 생각해보기

• '속도 조절' 블록을 활용해서 다양한 프로젝트를 만들어 보세요.
• 원하는 캐릭터나 배경이 없다면 직접 만들 수 있습니다.

프로젝트 3. 해넘이(Sunset)

- 저녁이 가까워져 오면서 해가 지고 있습니다.
- 숨기기 블록을 사용해서 해를 사라지게 할 수 있습니다.

1. 이번에 만들 프로젝트는?

- 공원을 배경으로 해가 지는 모습을 표현하는 프로젝트입니다.
- 해가 화면 위에서 아래로 내려오면서 조금씩 흐려지다가 사라집니다.

해넘이

2. 이번 프로젝트에서 배울 내용은?

- 캐릭터를 아래로 이동하게 할 수 있습니다.
- 캐릭터를 사라지게 할 수 있습니다.

3. 이번 프로젝트에서 사용할 블록들과 기능은?

	숨기기 HIDE	캐릭터를 천천히 사라지게 합니다.
	아래로 이동 Move Down	캐릭터가 지정된 숫자만큼 아래로 이동합니다.

4. 프로젝트 준비하기

1) 배경 변경하기

① 배경을 변경할 페이지를 선택하고,
② 배경 변경 버튼을 탭합니다.

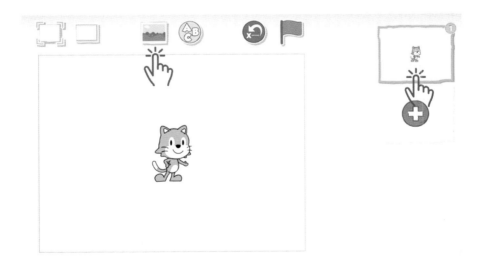

③ 배경 그림 중 공원(Park)을 선택하고,

④ 선택 완료 버튼을 탭하여 배경을 설정합니다.

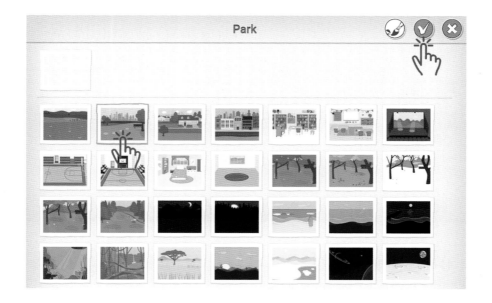

2) 캐릭터 추가 및 이동하기

① 스크래치 캣을 삭제합니다.

② 캐릭터 라이브러리 화면을 열어 해(Sun)를 선택하고,

③ 선택 완료 버튼을 탭하여 캐릭터를 추가합니다.

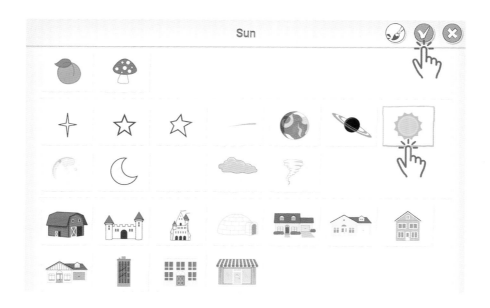

④ 해를 드래그하여 화면 왼쪽 위로 옮깁니다.

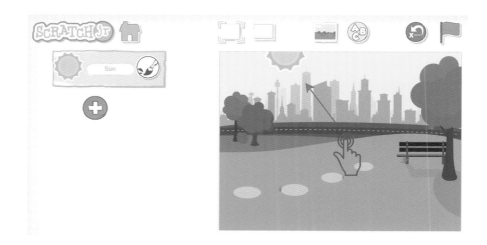

1) 숨기기 블록 활용하기

① '초록색 깃발로 시작하기' 블록을 드래그하여 프로그래밍 영역
에 놓습니다.

② '아래로 이동' 블록을 '초록색 깃발로 시작하기' 블록 가까이 드
래그하여 서로 연결합니다.

③ '아래로 이동' 블록의 숫자를 3으로 변경합니다.

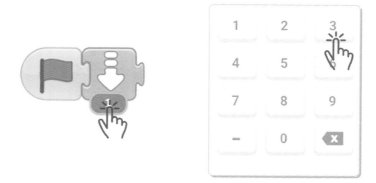

④ '숨기기' 블록을 드래그하여 '아래로 이동' 블록에 연결합니다.

⑤ '끝내기' 블록을 드래그하여 '숨기기' 블록과 연결합니다.

⑥ 초록색 깃발을 탭하여 해가 사라지는 것을 확인합니다.

2) 프로젝트 마무리하기

① 프레젠테이션 모드에서 프로젝트를 확인합니다.

② 프로젝트를 저장합니다.

6. 전체 스크립트 확인하기

• 해(Sun)

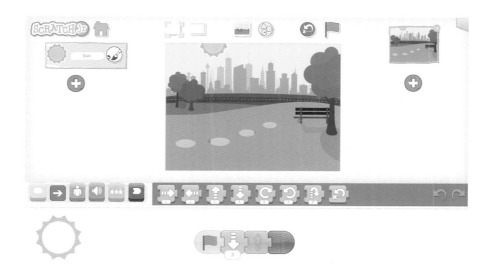

- 공원에 다른 동물들을 추가해 보세요.
- 해가 질 때 동물들도 함께 사라지게 해 보세요.

프로젝트 4. 떠오르는 달(Moonrise after Sunset)

- 해가 지고 어둠이 오면 달이 떠오릅니다.
- '보이기' 블록과 '페이지로 이동' 블록을 사용하여 해가 진 후 장면을 전환하여 달이 떠오르게 할 수 있습니다.

1. 이번에 만들 프로젝트는?

- '프로젝트 3'에서 만든 해넘이가 끝나면 페이지를 이동하여 달이 떠오르는 모습을 표현하는 프로젝트입니다.
- 장면 전환 이후 화면 중앙에서 위로 달이 떠오릅니다.

떠오르는 달

- 캐릭터를 위로 이동하게 할 수 있습니다.
- 페이지를 전환할 수 있습니다.
- 그림 편집기를 활용해 배경을 수정할 수 있습니다.

3. 이번 프로젝트에서 사용할 블록들과 기능은?

	페이지 이동 Go to Page	지정된 페이지로 이동합니다.
	위로 이동 Move Up	캐릭터가 지정한 숫자만큼 위로 이동합니다.
	그림 편집기	새로운 그림을 그리거나 기존의 그림들을 수정할 수 있습니다.

1) 프로젝트 불러오기

① My Projects 화면에서 '해넘이' 프로젝트를 선택합니다.

② 페이지 영역의 ⊕ 버튼을 탭하여 페이지를 추가합니다.

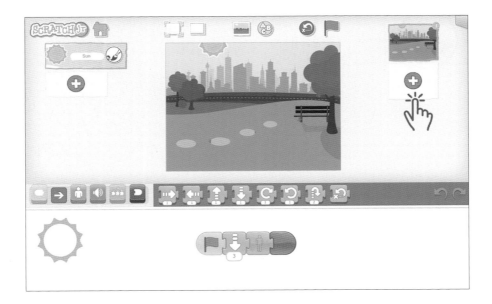

③ 배경 그림 중 호수(Lake)를 선택하고,

④ '그림 편집기' 버튼을 탭하여 배경을 수정합니다.

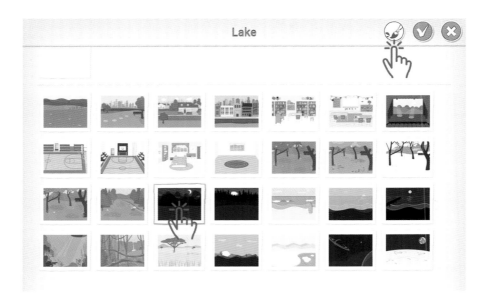

⑤ '자르기' 버튼을 선택한 후,

⑥ 달을 탭하여 삭제합니다.

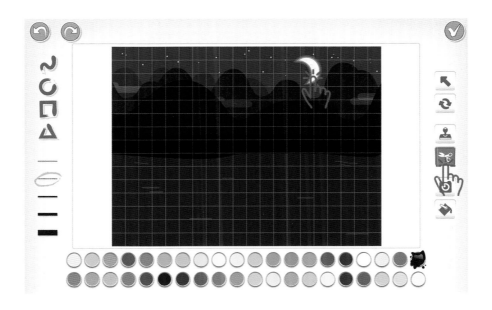

2) 캐릭터 추가하기

① 스크래치 캣을 삭제합니다.

② 캐릭터 라이브러리 화면을 열어 달(Moon)을 선택하고,

③ 선택 완료 버튼을 탭하여 캐릭터를 추가합니다.

1) '위로 이동' 블록 활용하기

① '초록색 깃발로 시작하기' 블록을 드래그하여 프로그래밍 영역
   에 놓습니다.

② '위로 이동' 블록을 '초록색 깃발로 시작하기' 블록 가까이 드래
   그하여 서로 연결합니다.

③ '위로 이동' 블록의 숫자를 6으로 변경합니다.

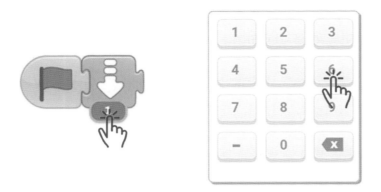

④ '끝내기' 블록을 드래그하여 '위로 이동' 블록과 연결합니다.

2) 페이지 이동하기

① 페이지 영역의 1번 페이지를 선택하고
② 프로그래밍 영역의 '끝내기' 블록을 프로그램 영역 밖으로 드래
    그하여 삭제합니다.

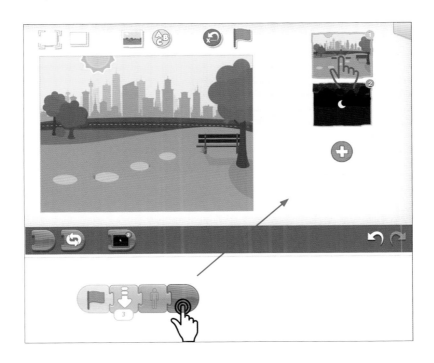

② '페이지 이동' 블록을 '사라지기' 블록 가까이 드래그하여 서로
    연결합니다.

③ 초록색 깃발을 탭하여 페이지가 이동하고 달이 떠오르는 것을
확인합니다.

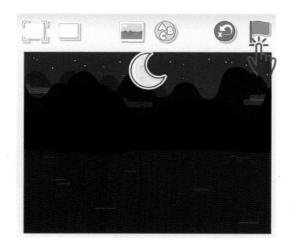

3) 프로젝트 마무리하기

① 프레젠테이션 모드에서 프로젝트를 확인합니다.

② 프로젝트를 저장합니다.

6. 전체 스크립트 확인하기

• 해(Sun)

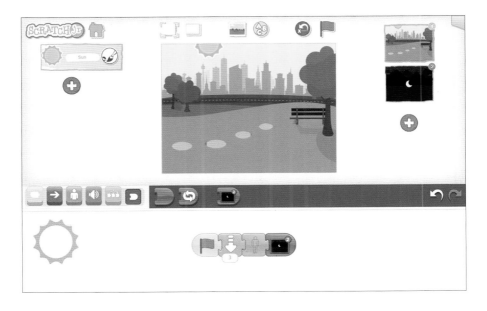

• 달(Moon)

7. 생각해 보기

• 떠오르는 달 프로젝트에 추가로 3페이지와 4페이지도 만들어 보세요.

• 1페이지에 있는 캐릭터를 2페이지로 드래그해서 옮겨보세요.

프로젝트 5. 으스스한 숲(Spooky Forest)

- 으스스한 숲속에 뱀, 박쥐, 개구리가 춤을 춥니다.
- '탭해서 시작하기' 블록을 이용해서 캐릭터를 탭하면 스크립트가 시작하
  도록 할 수 있습니다. 무대 배경에 글자도 추가해 봅니다.

1. 이번에 만들 프로젝트는?

- 으스스한 숲에서 뱀, 박쥐, 개구리를 탭하여 움직이게 하는 프로
  젝트입니다.
- 무대 배경에 글자도 추가할 수 있습니다.

으스스한 숲

2. 이번 프로젝트에서 배울 내용은?

- 무대 배경에 글씨를 추가할 수 있습니다.
- 캐릭터를 탭하여 스크립트가 실행되도록 할 수 있습니다.
- 캐릭터가 점프하도록 할 수 있습니다.
- 캐릭터의 크기를 조정할 수 있습니다.

- 스크립트가 반복되도록 설정할 수 있습니다.
- 캐릭터를 회전할 수 있습니다.

3. 이번 프로젝트에서 사용할 블록들과 기능은?

	탭하여 시작하기 Start On Tap	캐릭터를 탭하여 스크립트를 시작합니다.
	점프 Hop	캐릭터가 지정한 숫자만큼 점프했다 다시 제자리로 돌아옵니다.
	오른쪽으로 회전 Turn Right	캐릭터를 지정한 숫자만큼 오른쪽으로 회전시킵니다. 12번 돌면 한 바퀴를 회전하여 제자리로 돌아옵니다.
	왼쪽으로 회전 Turn Left	캐릭터를 지정한 숫자만큼 왼쪽으로 회전시킵니다. 12번 돌면 한 바퀴를 회전하여 제자리로 돌아옵니다.
	키우기 Grow	캐릭터의 크기를 크게 키웁니다.
	반복하기 Repeat	반복하기 블록 안에 있는 스크립트를 지정한 숫자만큼 반복해서 실행합니다.
	문자 입력	배경에 문자를 입력하고 글자 크기와 색을 변경합니다.

③ '점프' 블록을 '탭하여 시작하기' 블록 가까이 드래그하여 서로
연결합니다.

④ 같은 방법으로 '점프' 블록을 하나 더 연결합니다.

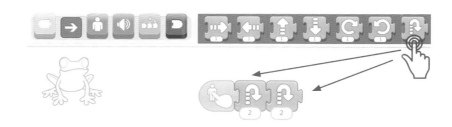

⑤ '끝내기' 블록을 '점프' 블록 가까이 드래그하여 서로 연결합
니다.

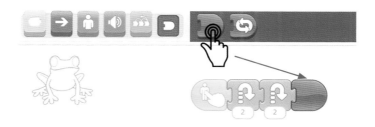

3) '키우기' 블록과 '반복하기' 블록 활용하기

① 캐릭터 영역의 뱀(Snake)을 탭하여 선택하고,
② '탭하여 시작하기' 블록을 드래그하여 프로그래밍 영역에 놓습
  니다.

③ '키우기' 블록을 '탭하여 시작하기' 블록 가까이 드래그하여 서
  로 연결합니다.

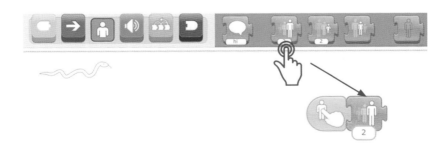

④ '줄이기' 블록을 '키우기' 블록 가까이 드래그하여 서로 연결합니다.

⑤ '반복하기' 블록을 드래그하여 '키우기' 블록과 '줄이기' 블록이 안으로 들어가게 하여 '탭하여 시작하기' 블록과 서로 연결합니다.

⑥ '반복하기' 블록의 숫자를 2로 변경합니다.

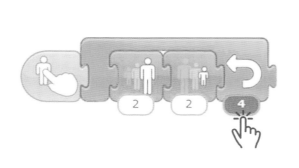

⑦ '끝내기' 블록을 '반복하기' 블록 가까이 드래그하여 서로 연결
합니다.

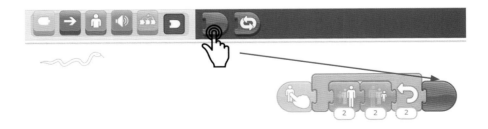

4) '오른쪽으로 회전' 블록과 '왼쪽으로 회전' 블록 활용하기

① 캐릭터 영역의 박쥐(Bat)를 탭하여 선택하고,
② '탭하여 시작하기' 블록을 드래그하여 프로그래밍 영역에 놓습
니다.

③ '오른쪽으로 회전' 블록을 '탭하여 시작하기' 블록 가까이 드래 그하여 서로 연결합니다.

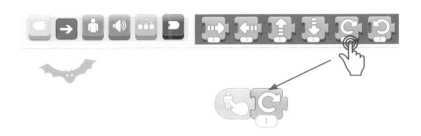

④ '왼쪽으로 회전' 블록을 '오른쪽으로 회전' 블록 가까이 드래그 하여 서로 연결합니다.

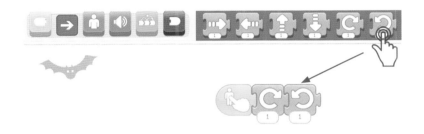

⑤ '왼쪽으로 회전' 블록의 숫자를 2로 변경합니다.

⑥ '오른쪽으로 회전' 블록을 '왼쪽으로 회전' 블록 가까이 드래그
   하여 서로 연결합니다.

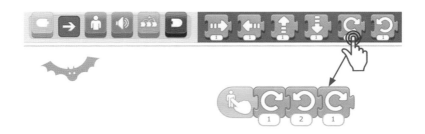

⑦ '끝내기' 블록을 '오른쪽으로 회전' 블록 가까이 드래그하여 서
   로 연결합니다.

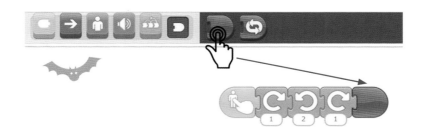

5) 프로젝트 마무리하기

① 프레젠테이션 모드에서 프로젝트를 확인합니다.

② 프로젝트를 저장합니다.

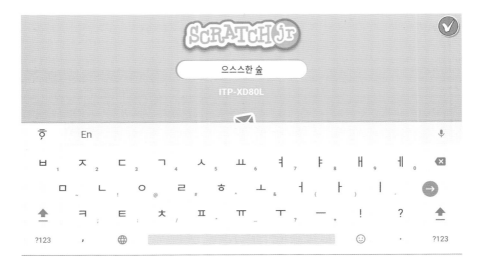

- 개구리(Frog)

- 뱀(Snake)

- 박쥐(Bat)

- 박쥐가 달 주변을 한 바퀴 돌아서 제자리로 돌아오게 만들어 보세요.
- 나만의 캐릭터를 추가하여 으스스한 장면을 만들어 보세요.

프로젝트 6. 농구공 드리블(Dribble a Basketball)

- 농구장에서 스크래치 캣이 농구공을 바닥에 튀기며 달려갑니다.
- 스크래치 캣이 농구공을 바닥에 튕기며 앞으로 나아갈 수 있게 농구공 캐릭터에 두 가지 명령을 함께 처리할 수 있도록 스크립트를 구성해 봅니다.

1. 이번에 만들 프로젝트는?

- 농구장에서 스크래치 캣이 농구공을 드리블하며 전진하는 프로젝트입니다.
- 하나의 캐릭터가 두 가지 명령을 함께 처리하도록 스크립트를 구성할 수 있습니다.

농구공 드리블

2. 이번 프로젝트에서 배울 내용은?

• 하나의 캐릭터에 두 가지 명령을 추가하여 스크립트를 구성할 수
  있습니다.

3. 이번 프로젝트에서 사용할 블록들과 기능은?

• 기존의 블록들과 기능들을 활용하여 프로젝트를 만듭니
  다.

4. 프로젝트 준비하기

1) 배경 변경하기

① 배경을 변경할 페이지를 선택하고,
② 배경 변경 버튼을 탭합니다.

2) 농구공 드리블 스크립트 작성하기

① 캐릭터 영역의 농구공(Basketball)을 탭하여 선택하고,

② '초록색 깃발로 시작하기' 블록을 드래그하여 프로그래밍 영역
　에 놓습니다.

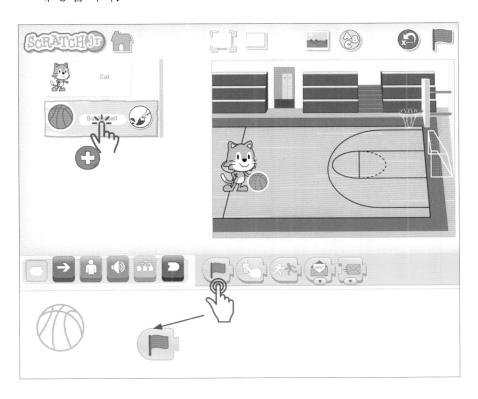

③ '앞으로 이동' 블록을 '초록색 깃발로 시작하기' 블록 가까이 드
　래그하여 서로 연결합니다.

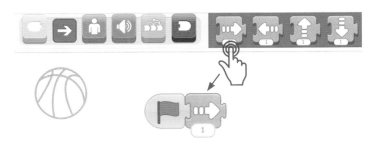

④ '앞으로 이동' 블록의 숫자를 12로 변경합니다.

⑤ '끝내기' 블록을 '앞으로 이동' 블록 가까이 드래그하여 서로 연결합니다.

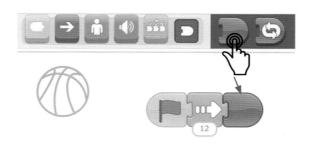

⑥ '초록색 깃발로 시작하기' 블록을 드래그하여 프로그래밍 영역에 한 개 더 놓습니다.

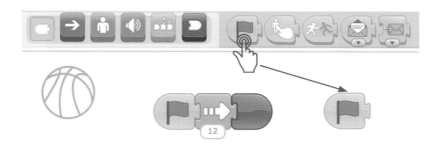

⑦ '점프' 블록을 '초록색 깃발로 시작하기' 블록 가까이 드래그하여 서로 연결합니다.

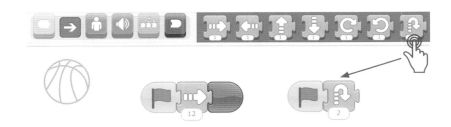

⑧ '점프' 블록의 숫자를 1로 변경합니다.

⑨ '반복하기' 블록을 드래그하여 '점프' 블록이 안으로 들어가게 하여 '초록색 깃발로 시작하기' 블록과 서로 연결합니다.

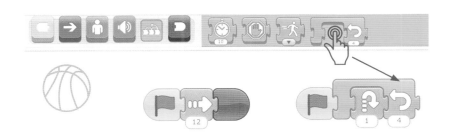

⑩ '끝내기' 블록을 '반복하기' 블록 가까이 드래그하여 서로 연결
합니다.

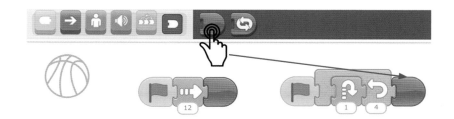

3) 프로젝트 마무리하기

① 프레젠테이션 모드에서 프로젝트를 확인합니다.

② 프로젝트를 저장합니다.

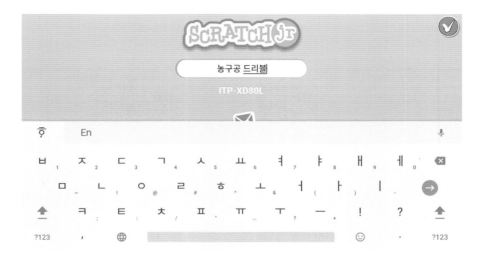

6. 전체 스크립트 확인하기

- 고양이(Cat)

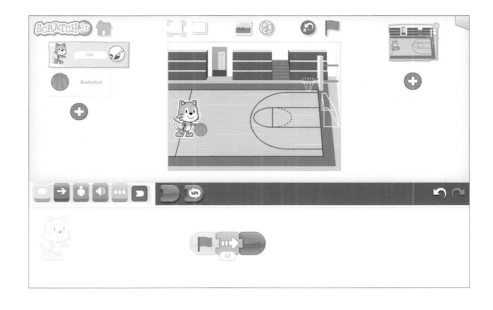

• 농구공(Basketball)

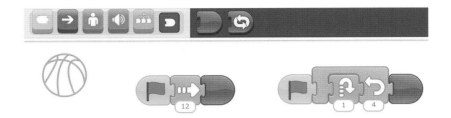

7. 생각해 보기

• 스크래치 캣이 드리블 후에 농구공을 던져서 골대에 골인시키도록 만들어 보세요.
• 수비하는 캐릭터를 추가하여 실제로 농구 경기하는 장면을 만들어 보세요.

프로젝트 7. 댄스파티(Dance Party)

- 짧은 머리 여성이 음악에 맞춰 무대 한쪽 끝에서 반대편으로 춤을 추며 지나갑니다.
- 짧은 머리 여성이 긴 머리 여성을 건들고 지나가면 긴 머리 여성이 제자리에서 함께 춤을 춥니다.

1. 이번에 만들 프로젝트는?

• 무대에서 두 캐릭터가 춤을 추는 프로젝트입니다.

• 두 캐릭터가 서로 만나면 다른 캐릭터도 함께 춤을 추도록 스크립트를 구성해 봅니다.

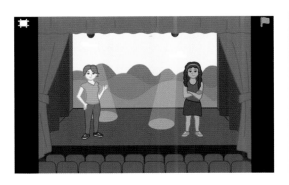

댄스파티

2. 이번 프로젝트에서 배울 내용은?

• '팝' 블록을 활용해서 소리가 나게 할 수 있습니다.

• 스크립트를 무한 반복해서 실행할 수 있습니다.

• 캐릭터끼리 서로 만나면 스크립트가 실행하도록 할 수 있습니다.

• 캐릭터의 이름을 바꿀 수 있습니다.

3. 이번 프로젝트에서 사용할 블록들과 기능은?

	팝 Pop	"틱" 소리를 냅니다.
	무한 반복하기 Repeat Forever	스크립트를 끝없이 반복해서 실행합니다.
	만나서 시작하기 Start On Touch	다른 캐릭터와 만나면 스크립트를 시작합니다.

4. 프로젝트 준비하기

1) 배경 변경하기

① 배경을 변경할 페이지를 선택하고,
② 배경 변경 버튼을 탭합니다.

③ 배경 그림 중 극장(Theatre)을 선택하고,

④ 선택 완료 버튼을 탭하여 배경을 설정합니다.

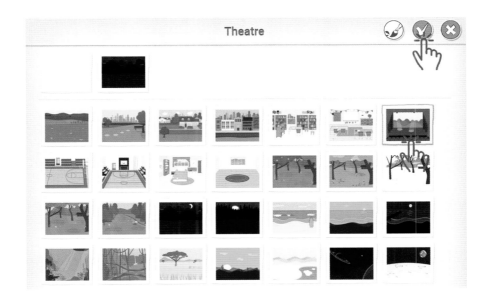

2) 캐릭터 추가 및 이동하기

① 스크래치 캣을 삭제합니다.

② 캐릭터 라이브러리 화면을 열어 짧은 머리 여성(Teen)을 선택하고,

③ 선택 완료 버튼을 탭하여 캐릭터를 추가합니다.

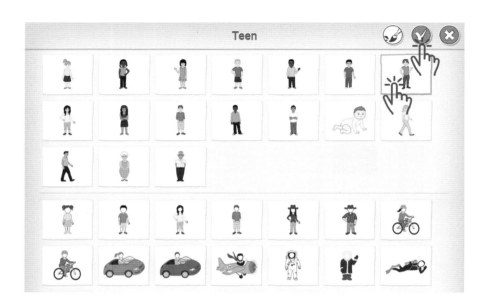

④ 짧은 머리 여성을 드래그하여 무대 왼편으로 옮깁니다.

⑤ 캐릭터 라이브러리 화면을 열어 긴 머리 여성(Teen)을 선택하고,

⑥ 선택 완료 버튼을 탭하여 캐릭터를 추가합니다.

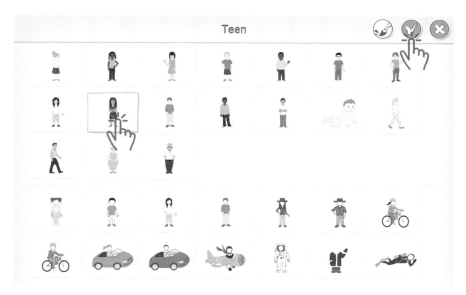

⑦ 긴 머리 여성을 드래그하여 무대 오른편으로 옮깁니다.

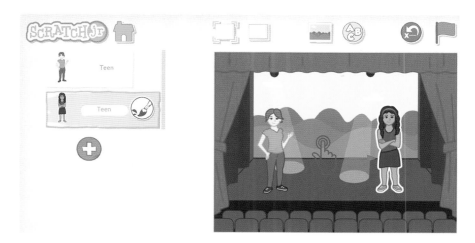

⑧ 캐릭터 영역의 캐릭터를 선택하면 생기는 '그림 편집기' 버튼을 탭하여 그림 편집기를 실행합니다.

⑨ 상단의 캐릭터 이름을 수정해 줍니다.

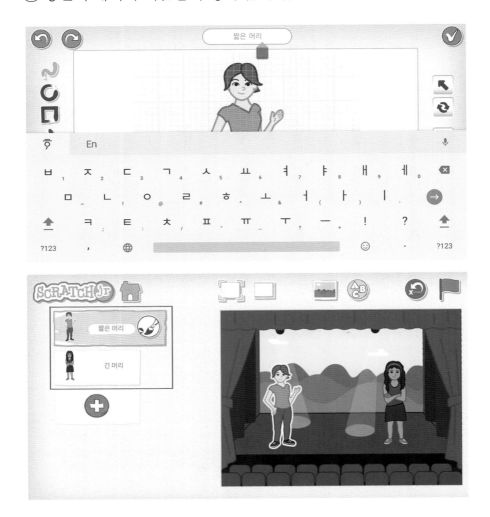

5. 프로젝트 따라 하기

1) '팝' 블록과 '무한 반복하기' 블록 활용하기

① 캐릭터 영역에서 짧은 머리를 탭하여 선택하고,

② '초록색 깃발로 시작하기' 블록을 드래그하여 프로그래밍 영역
　에 놓습니다.

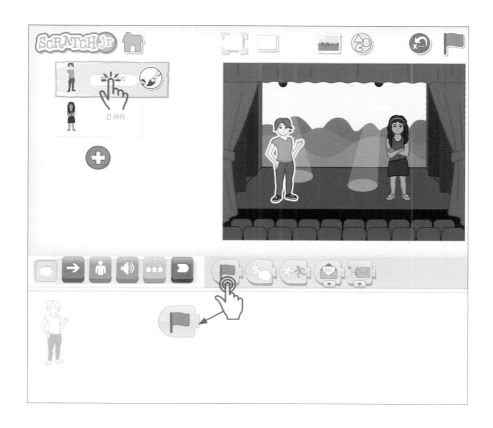

③ '팝' 블록을 '초록색 깃발로 시작하기' 블록 가까이 드래그하여
　서로 연결합니다.

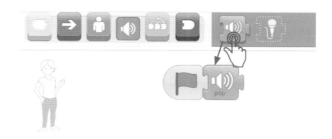

④ 같은 방법으로 '팝' 블록 4개를 더 연결합니다.

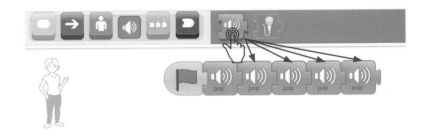

⑤ '무한 반복하기' 블록을 '팝' 블록 가까이 드래그하여 서로 연결
합니다.

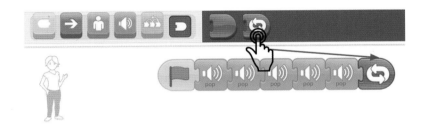

2) 짧은 머리 춤추게 하기

① '초록색 깃발로 시작하기' 블록을 드래그하여 프로그래밍 영역
에 놓습니다.

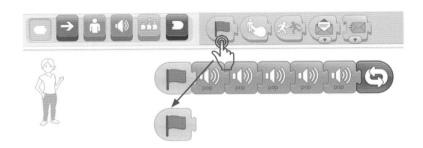

② '초록색 깃발로 시작하기' 옆으로 '왼쪽으로 회전', '오른쪽으로 회전', '점프', '오른쪽으로 이동'(2개) 블록들을 차례로 드래그하여 연결합니다.

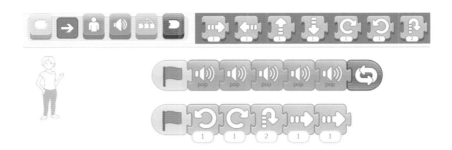

③ '무한 반복하기' 블록을 '오른쪽으로 이동' 블록 가까이 드래그하여 서로 연결합니다.

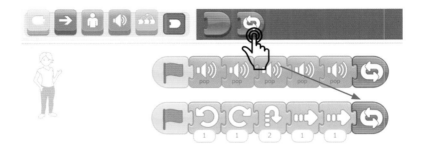

3) 긴 머리 춤추게 하기

① 캐릭터 영역에서 긴 머리를 탭하여 선택하고,

② '만나서 시작하기' 블록을 드래그하여 프로그래밍 영역에
   놓습니다.

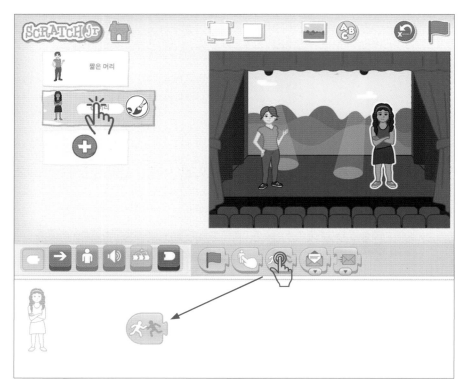

③ '만나서 시작하기' 옆으로 '왼쪽으로 회전', '오른쪽으로 회전',
   '점프', '오른쪽으로 이동', '왼쪽으로 이동' 블록들을 차례로 드
   래그하여 연결합니다.

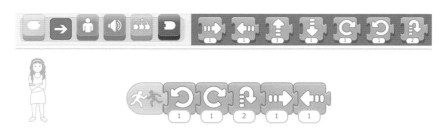

④ '무한 반복하기' 블록을 '왼쪽으로 이동' 블록 가까이 드래그하여 서로 연결합니다.

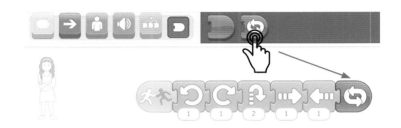

4) 프로젝트 마무리하기

① 프레젠테이션 모드에서 프로젝트를 확인합니다.

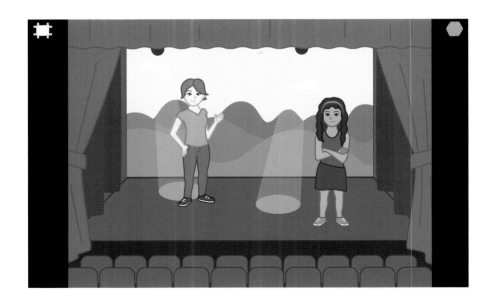

② 프로젝트를 저장합니다.

6. 전체 스크립트 확인하기

• 짧은 머리

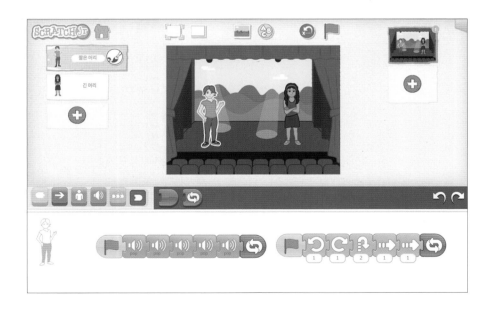

• 긴 머리

7. 생각해 보기

• 짧은 머리와 긴 머리가 서로 만나면 긴 머리가 사라지도록 만들어 보세요.
• '속도 조절' 블록을 활용해서 캐릭터들이 움직이는 속도를 바꿔 보세요.

프로젝트 8. 만나서 인사하기(Meet and Greet)

- 강아지 한 마리가 스크래치 캣에게 다가갑니다.
- 스크래치 캣과 강아지가 서로 반갑게 인사를 합니다.

1. 이번에 만들 프로젝트는?

- 거리에서 스크래치 캣과 강아지가 서로 인사를 나누는 프로젝트 입니다.
- 스크래치 캣이 먼저 인사하면 강아지도 따라서 인사하도록 스크립트를 구성해 봅니다.

만나서 인사하기

2. 이번 프로젝트에서 배울 내용은?

- '말하기' 블록을 활용해 화면에 글자가 나타나게 할 수 있습니다.
- '메시지' 블록을 활용해 스크립트가 순서에 따라 진행하도록 할 수 있습니다.

	말하기 Say	캐릭터 위로 입력한 문자가 말풍선에 나타납니다.
	시작 메시지 보내기 SEND Orange START MESSAGE	지정한 색깔의 시작 메시지를 보냅니다.
	메시지 시작하기 START ON Orange MESSAGE	해당 색깔의 메시지를 받으면 스크립트를 시작합니다.

4. 프로젝트 준비하기

1) 배경 변경하기

① 배경을 변경할 페이지를 선택하고,

② 배경 변경 버튼을 탭합니다.

③ 배경 그림 중 도시(City)를 선택하고

④ 선택 완료 버튼을 탭하여 배경을 설정합니다.

2) 캐릭터 추가 및 이동하기

① 스크래치 캣을 무대 오른쪽 아래로 옮깁니다.

② 캐릭터 라이브러리 화면을 열어 강아지(Dog)를 선택하고,

③ 선택 완료 버튼을 탭하여 캐릭터를 추가합니다.

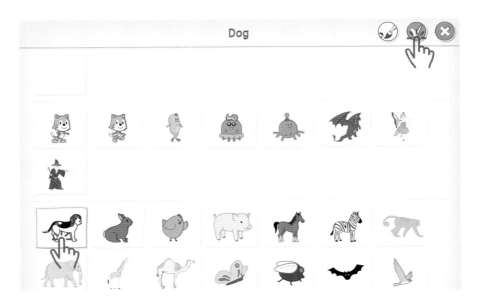

④ 강아지를 드래그하여 무대 왼편 아래로 옮깁니다.

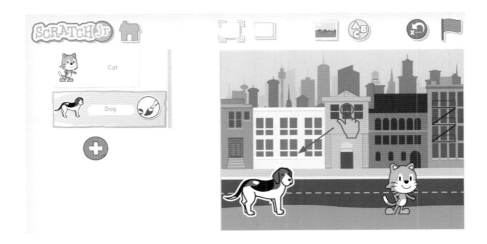

1) '말하기' 블록과 '메시지' 블록 활용하기

① 캐릭터 영역 스크래치 캣(Cat)을 탭하여 선택하고,

② '만나서 시작하기' 블록을 드래그하여 프로그래밍 영역에 놓습
   니다.

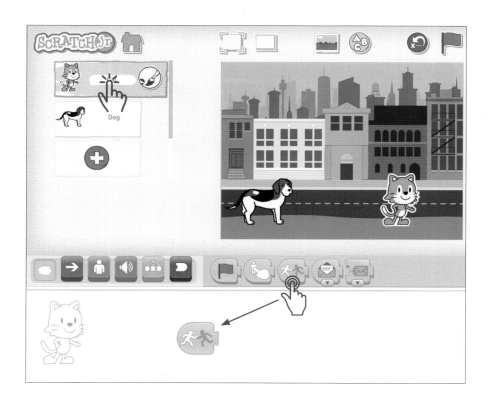

③ '말하기' 블록을 '만나서 시작하기' 블록 가까이 드래그하여 서로 연결합니다.

④ '말하기' 블록의 글자 부분(hi)을 탭하여 문자 입력창이 나타나면 '안녕!'이라고 입력합니다.

⑤ '시작 메시지 보내기' 블록을 '말하기' 블록 가까이 드래그하여 서로 연결합니다.

⑥ '끝내기' 블록을 '시작 메시지 보내기' 블록 가까이 드래그하여
서로 연결합니다.

2) 메시지 받아서 실행하기

① 캐릭터 영역 강아지(Dog)를 탭하여 선택하고,
② '초록색 깃발로 시작하기' 블록을 드래그하여 프로그래밍 영역
에 놓습니다.

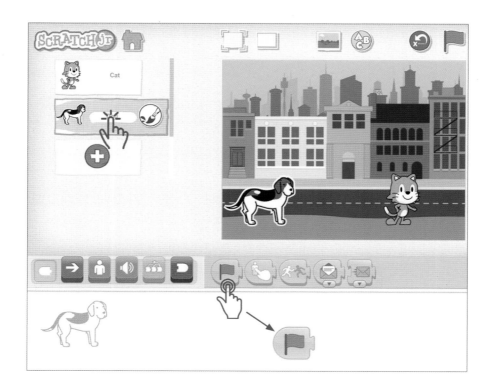

③ '오른쪽으로 이동' 블록을 '초록색 깃발로 시작하기' 블록 가까이 드래그하여 서로 연결합니다.

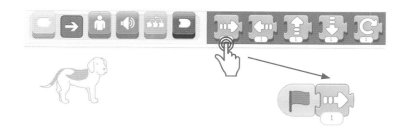

④ '오른쪽으로 이동' 블록의 숫자를 8로 변경합니다.

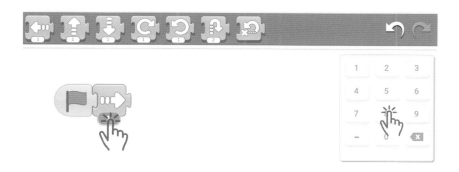

⑤ '끝내기' 블록을 '오른쪽으로 이동' 블록 가까이 드래그하여 서로 연결합니다.

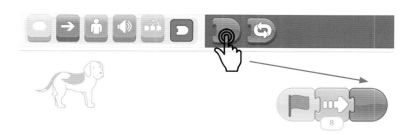

⑥ '메시지 시작하기' 블록을 드래그하여 프로그래밍 영역에 놓습니다.

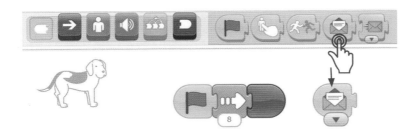

⑦ '말하기' 블록을 '메시지 시작하기' 블록 가까이 드래그하여 서로 연결합니다.

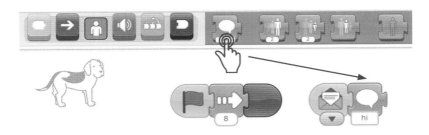

⑧ '말하기' 블록의 글자 부분(hi)을 탭하여 문자 입력창이 나타나면 '멍! 멍!'이라고 입력합니다.

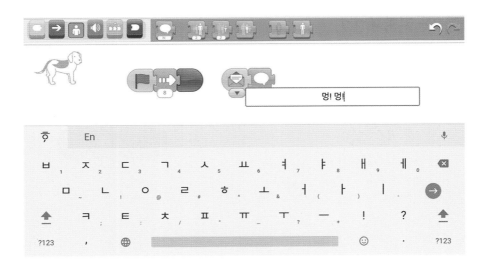

⑨ '끝내기' 블록을 '말하기' 블록 가까이 드래그하여 서로 연결합
니다.

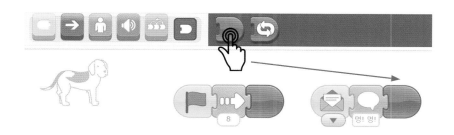

3) 프로젝트 마무리하기

① 프레젠테이션 모드에서 프로젝트를 확인합니다.

② 프로젝트를 저장합니다.

6. 전체 스크립트 확인하기

• 고양이(Cat)

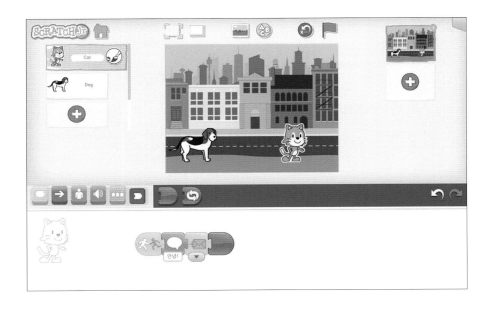

• 강아지(Dog)

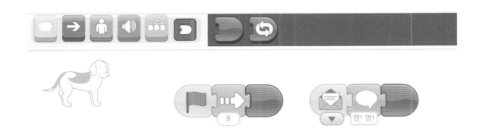

7. 생각해 보기

• 스크립트가 끝나지 않고 스크래치 캣과 강아지가 계속해서 인사하는 이유는 무엇일까요?
• 스크래치 캣과 강아지가 서로 한 번만 인사하고 멈추게 하려면 어떻게 하면 될까요?

프로젝트 9. 자기소개(Conversation)

- 교실에서 선생님과 아이들이 자기소개를 합니다.
- 선생님이 먼저 이름을 이야기하면 아이들이 한 명씩 차례대로 자기의 이름을 이야기하고 반갑게 인사를 나눕니다.

1. 이번에 만들 프로젝트는?

- 교실에서 선생님과 아이들이 자기소개를 하는 프로젝트입니다.
- 캐릭터들이 한 명씩 차례대로 자신의 이름을 이야기할 수 있도록 스크립트를 구성해 봅니다.

만나서 인사하기

2. 이번 프로젝트에서 배울 내용은?

- '메시지' 블록의 색깔을 변경하여 스크립트가 순서대로 실행되도록 할 수 있습니다.

	시작 메시지 보내기 SEND Orange START MESSAGE	지정한 색깔의 시작 메시지를 보냅니다.
	메시지 시작하기 START ON Orange MESSAGE	해당 색깔의 메시지를 받으면 스크립트를 시작합니다.

4. 프로젝트 준비하기

1) 배경 변경하기

① 배경을 변경할 페이지를 선택하고,

② 배경 변경 버튼을 탭합니다.

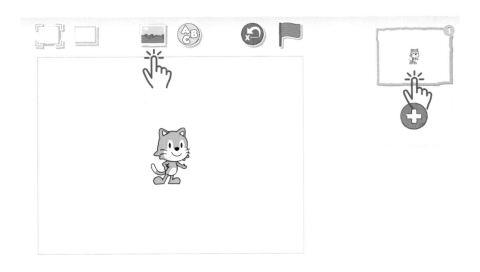

③ 배경 그림 중 교실(Classroom)을 선택하고,

④ 선택 완료 버튼을 탭하여 배경을 설정합니다.

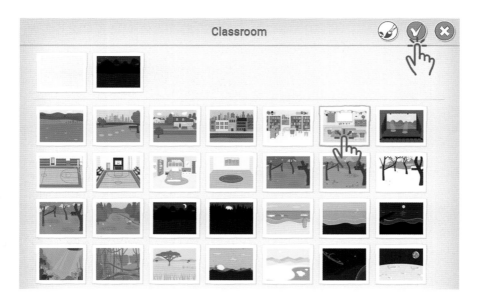

2) 캐릭터 추가 및 이동하기

① 스크래치 캣을 삭제합니다.

② 캐릭터 라이브러리 화면을 열어 아빠(Father)를 선택하고,

③ 선택 완료 버튼을 탭하여 캐릭터를 추가합니다.

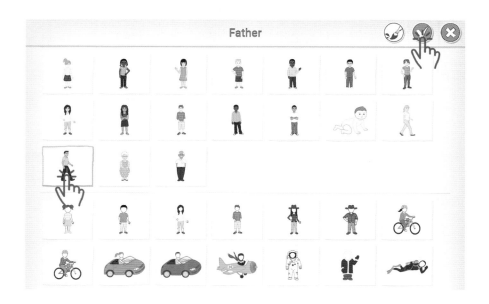

④ 같은 방법으로 '빨간색 티 남자아이', '하늘색 티 여자아이', '분홍색 치마 여자아이' 캐릭터를 추가합니다.

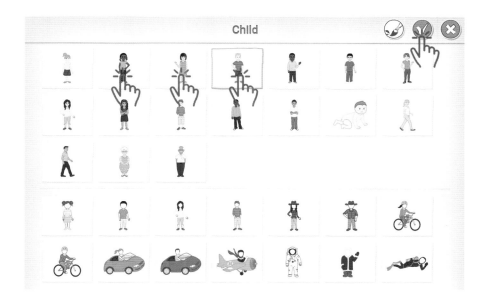

⑤ 추가한 캐릭터들을 그림과 같이 배치합니다.

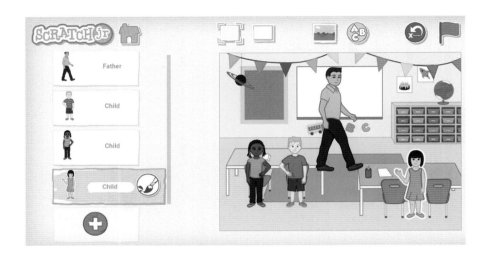

⑥ 아빠(Father)는 선생님으로, 세 아이들(Child)은 각각 이성주, 오
아름, 김은영으로 캐릭터의 이름을 바꿔 줍니다.

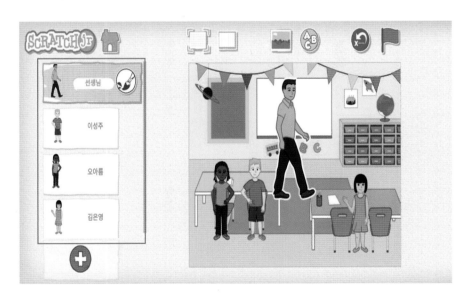

④ '말하기' 블록의 글자 부분(hi)을 탭하여 문자 입력창이 나타나면 '안녕하세요! 저는 ○○○입니다!'라고 입력합니다.

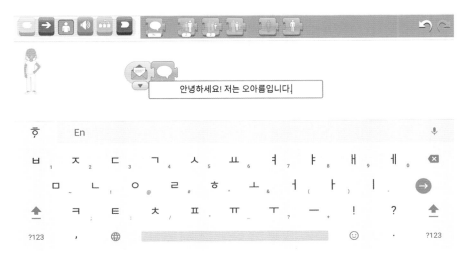

⑤ '말하기' 블록을 '메시지 시작하기' 블록 가까이 드래그하여 서로 연결합니다.

⑥ '메시지 시작하기' 블록의 세모 부분을 탭하여 메시지 색을 '빨간색'으로 변경합니다.

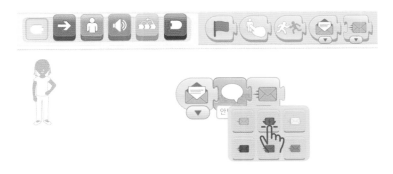

⑦ '끝내기' 블록을 '시작 메시지 보내기' 블록 가까이 드래그하여
   서로 연결합니다.

⑧ 캐릭터 영역에서 이성주를 탭하여 선택하고 '메시지 시작하기'
   블록을 드래그하여 프로그래밍 영역에 놓습니다.

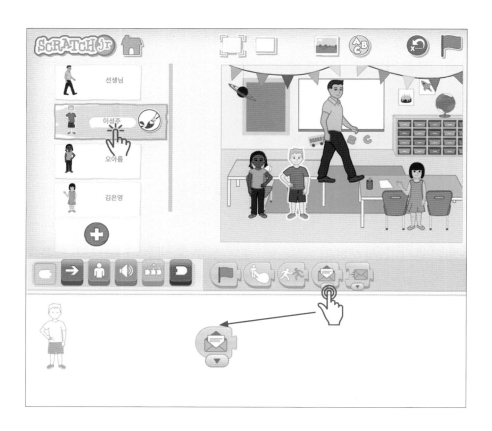

⑨ '메시지 시작하기' 블록의 세모를 탭하여 메시지 색을 '빨간색'
으로 변경합니다.

⑩ ③~④와 같이 '말하기' 블록을 '메시지 시작하기' 블록에 연결하
고 '안녕하세요! 저는 ○○○입니다.'를 입력합니다.

⑪ ⑤~⑦과 같이 '말하기' 블록에 '시작 메시지 보내기' 블록과 '끝
내기' 블록을 연결하고, '시작 메시지 보내기' 블록의 메시지 색
을 '초록색'으로 변경합니다.

⑫ 캐릭터 영역에서 김은영을 탭하여 선택하고 ⑧~⑪을 참고하여
아래 그림과 같이 스크립트를 작성합니다.

3) 반갑게 인사하기

① 캐릭터 영역 선생님을 탭하여 선택하고,
② '메시지 시작하기' 블록을 드래그하여 프로그래밍 영역에 놓은
   후 메시지 색을 보라색으로 변경합니다.

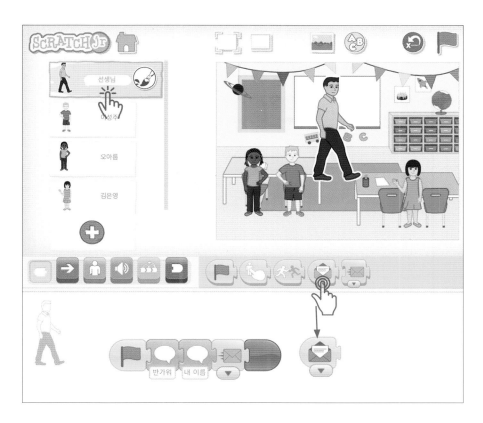

③ '말하기' 블록을 '메시지 시작하기' 블록 가까이 드래그하여 서
로 연결하고 '모두 만나서 기뻐요!'를 입력합니다.

④ '끝내기' 블록을 '말하기' 블록 가까이 드래그하여 서로 연결합니다.

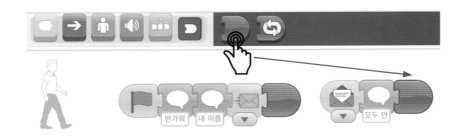

4) 프로젝트 마무리하기

① 프레젠테이션 모드에서 프로젝트를 확인합니다.

② 프로젝트를 저장합니다.

• 선생님

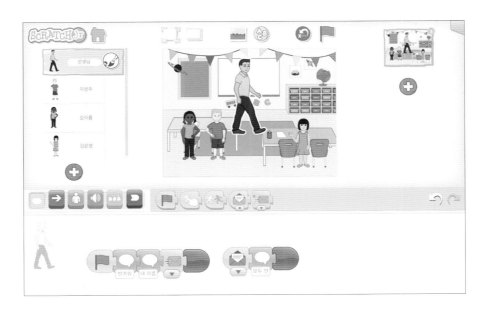

- 이성주

- 오아름

- 김은영

7. 생각해 보기

- 캐릭터들이 다양하게 움직이면서 자기를 소개할 수 있게 바꿔 보세요.
- 자기소개를 마친 학생들이 운동장에서 이어달리기를 하는 스크립트를 만들어 보세요.

Chapter 4

도전! 나만의 스크래치 주니어
프로젝트 만들기

책과 함께 천천히 따라 해보니 어렵지 않지요? 이제 자신감이 생겼나요? 이번 장에서는 지금까지 배운 것들을 활용해서 나만의 스크래치 주니어 프로젝트를 만들어 보겠습니다.

QR코드를 통해 제공하는 동영상과 같은 프로젝트를 만들고 서로 비교해 보세요. 똑같이 만든 프로젝트에 여러 가지 캐릭터와 코딩 블록들을 추가하여 새로운 프로젝트를 만들어 보세요.

10개 프로젝트를 다 마치고 나면 여러분도 혼자서 재미있고 새로운 프로젝트를 만들 수 있을 거예요.

도전! 나만의 스크래치 주니어 프로젝트 만들기

프로젝트 1. 노래하는 새(Singing Birds)

새 한 마리가 숲속을 노래를 부르며 신나게 날아다닙니다. 소리 녹음하기 블록을 이용하면 다양한 소리를 녹음하여 재미난 악기와 이야기 동화도 만들 수 있습니다.

1. 프로젝트 미리보기

노래하는 새

2. 생각해 보기

① 새가 날아다니는 모습을 어떻게 표현하면 좋을까요? 숲속을 자유롭게 날아다니는 새의 모습을 표현해 보세요.
② 새가 어떤 노래를 부르면 좋을까요? 소리를 녹음하는 방법에 대해 알아보고 나만의 재미난 노래를 녹음해 보세요.

3. 프로젝트 알아보기

① 배경을 바꾸고 캐릭터를 변경합니다.

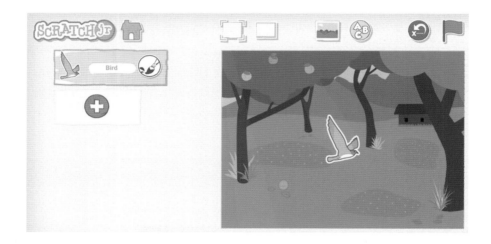

② 캐릭터를 원하는 위치에 놓고 자유롭게 날아가도록 코딩합니다.

• 다양한 동작 블록을 활용하면 다양한 움직임을 표현할 수 있습니다.

③ 노래를 녹음하고, 노래가 계속해서 재생되도록 코딩합니다.

• 빨간색 네모 (①) 부분을 탭하면 녹음하기 창이 만들어집니다.

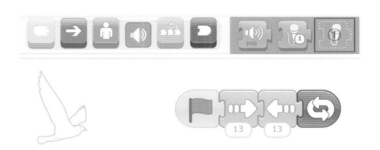

- '녹음' 버튼을 탭하여 녹음을 시작하고 '확인' 버튼을 탭하여 녹음을 완료합니다.

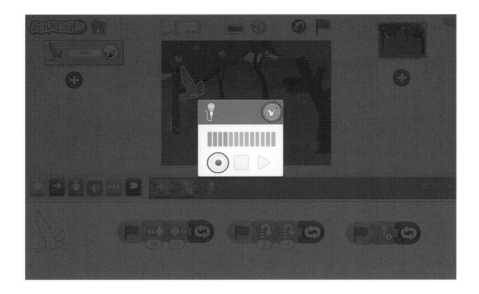

- 녹음이 완료되면 '녹음된 소리 재생' 블록이 만들어지고 '무한반복' 블록과 함께 코딩하면 새가 날아다니는 동안 녹음한 노래가 계속 나오도록 할 수 있습니다.

④ 프레젠테이션 모드에서 프로젝트를 확인하고 프로젝트를 저장
  합니다.

4. 프로젝트 비교하기

• 새(Bird)

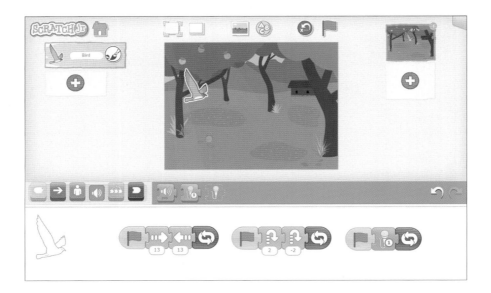

5. 바꿔 보기

• 강아지 캐릭터를 추가하여 '멍멍' 소리를 내며 이곳저곳을 돌아다니게 코딩해 보세요.
• 사과가 나무에서 떨어지는 장면과 꽃이 피는 장면도 추가해 보세요.

프로젝트 2. 수리수리 마수리(Abracadabra)

마법사가 해변에서 작은 돛단배를 커다란 증기선으로 변신시키는 마술을 합니다. 메시지 블록을 활용하면 여러 캐릭터들이 동시에 혹은 순차적으로 움직이게 할 수 있습니다.

1. 프로젝트 미리보기

수리수리 마수리

2. 생각해 보기

① 마법사가 어떤 주문을 외우면 마법을 성공할 수 있을까요? 나만의 재미난 마법 주문을 만들어 보세요.

② 캐릭터들이 순차적으로 움직이려면 어떻게 해야 할까요? 마법사의 주문에 따라 돛단배가 증기선으로 바뀌도록 코딩해 보세요.

① 배경을 바꾸고 캐릭터를 추가합니다.

- 회오리와 증기선은 '숨기기' 블록으로 화면에서 보이지 않게 합니다.

② 마법사가 마법의 주문을 외우면 회오리가 날아가도록 코딩합니다.

- '말하기' 블록을 활용하여 재미난 주문을 입력하고 '메시지 보내기' 블록을 추가합니다.

- 회오리가 돛단배 쪽으로 날아가서 돛단배와 증기선에게 메시지를 보낸 후 사라지도록 동작 블록과 모양 블록을 활용해 보세요.

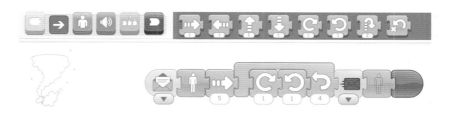

③ 돛단배가 사라지고 증기선이 나타나도록 코딩합니다.
- '기다리기' 블록을 활용하면 돛단배가 사라지고 난 후 증기선이 나타나게 할 수 있습니다.

④ 프레젠테이션 모드에서 프로젝트를 확인하고 프로젝트를 저장합니다.

• 마법사

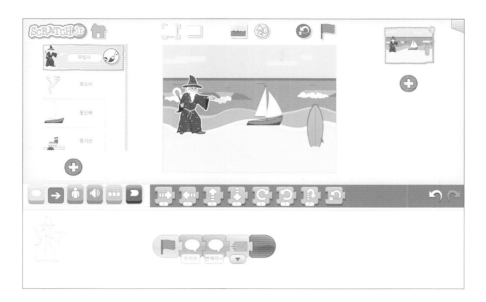

• 회오리

• 돛단배

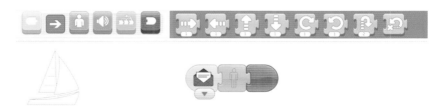

• 증기선

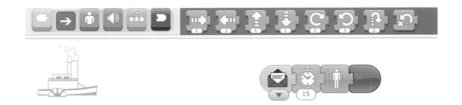

5. 바꿔보기

• 마법의 주문을 나만의 재미난 주문으로 바꿔 보세요.

• 마법사가 다른 마법을 부리도록 바꿔 보세요.

예) 토끼를 사람으로 바꾸기, 생쥐를 코끼리만큼 크게 만들기,
    노인을 아기로 만들기 등

프로젝트 3. 유치원에 가요(Going to Kindergarten)

스크래치 고양이가 버스를 타고 유치원에 갑니다. '페이지 이동' 블록을 활용하면 장면을 바꿔 가며 재미난 이야기를 만들 수 있습니다.

1. 프로젝트 미리보기

유치원에 가요

2. 생각해 보기

① 배경이 다른 이야기를 새롭게 추가하려면 어떻게 해야 할까요?
새로운 장면을 추가하는 방법에 대해 생각해 보세요.

① 배경을 바꾸고 캐릭터를 추가합니다.

- 걷는 고양이(Cat Walking)와 버스(Bus)를 추가하고 '숨기기' 블록으로 화면에서 보이지 않게 합니다.

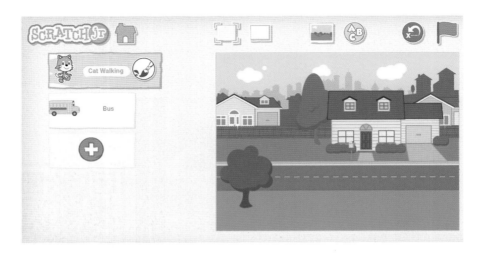

- 두 번째 장면도 배경을 바꾸고 캐릭터를 배치해 줍니다.

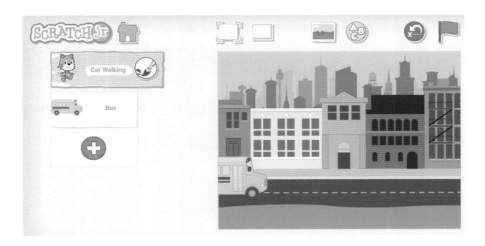

② 걷는 고양이가 집에서 나와 차도를 건너면 버스가 나오도록 코
   딩합니다.
• 메시지 블록을 활용하면 걷는 고양이와 버스가 순차적으로 움
   직이게 할 수 있습니다.

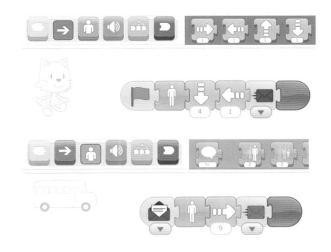

③ 걷는 고양이가 버스에 타고 버스가 출발하면 다음 장면으로 넘
   어가도록 코딩합니다.
• '페이지 이동' 블록을 활용하면 다음 장면으로 넘어갈 수 있습니다.

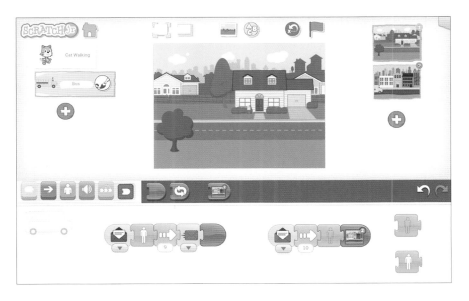

④ 걷는 고양이가 버스에서 내려 유치원에 들어가도록 코딩합니다.

· 버스가 멈추면 걷는 고양이가 내리고, 버스가 지나간 후 걷는 고양이가 유치원으로 들어가는 모습이 순차적으로 일어나도록 코딩해 보세요.

⑤ 프레젠테이션 모드에서 프로젝트를 확인하고 프로젝트를 저장합니다.

1) 장면 1

• 걷는 고양이(Cat Walking)

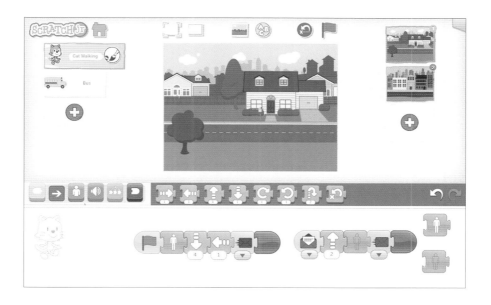

• 버스(Bus)

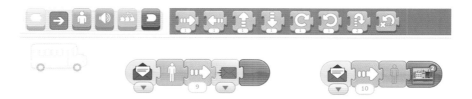

- 걷는 고양이(Cat Walking)

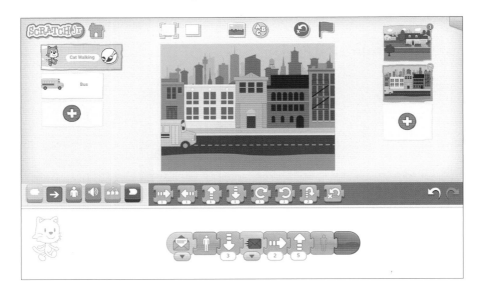

- 버스(Bus)

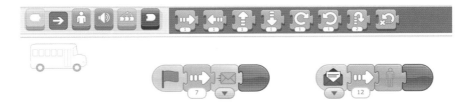

- 유치원이 끝나고 집으로 돌아오는 이야기로 바꿔 보세요.
- 비행기를 타고 세계를 여행하는 이야기를 만들어 보세요.
- 시간이 흐르면서 봄, 여름, 가을, 겨울로 계절이 바뀌는 모습을 표현해 보세요.

프로젝트 4. 어느 버스에 타고 있을까? (Which bus is it on?)

강아지가 탄 버스가 이리저리 움직입니다. 다양한 '이동블록'과 '기다리기' 블록을 활용하여 강아지 찾기 게임을 만들어보세요.

1. 프로젝트 미리보기

어느 버스에

2. 생각해보기

① 버스가 시간 간격을 두고 움직이려면 어떻게 해야 할까요? 버스 3대가 시간차를 두어 자리를 바꾸도록 블록을 코딩해보세요.

② 버스를 탭 했을 때 서로 다른 반응이 나오게 하려면 어떻게 해야 할까요? 강아지가 탄 버스와 타지 않은 버스를 탭 했을 때 비행사가 다르게 반응하도록 블록을 코딩해보세요.

① 배경을 바꾸고 캐릭터를 추가합니다.

- 강아지(Dog) 2마리, 버스(Bus) 3대, 비행사(Pilot)를 추가하고
  크기를 조정합니다.

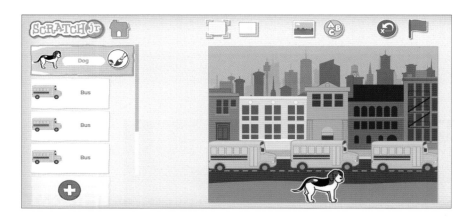

② 강아지(Dog)의 스크립트를 코딩합니다.

- 첫 번째 강아지는 버스에 탄 후 사라지도록 코딩하고, 두 번째
  강아지는 사라졌다가 버스를 탭했을 때 다시 나타나도록 코딩
  합니다.

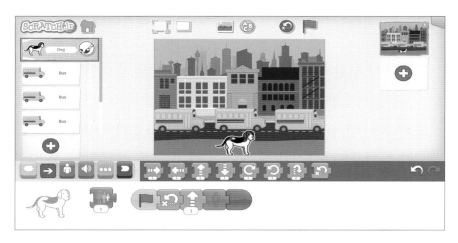

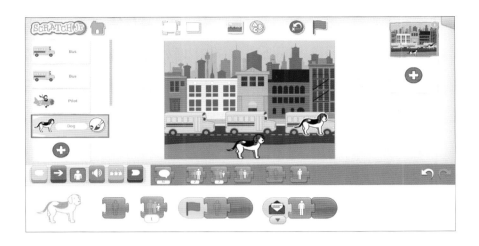

③ 버스(Bus) 3대의 스크립트를 코딩합니다.

- 첫 번째 버스는 강아지가 탈 때까지 기다렸다가 오른쪽 끝까지 이동하고, 다른 2대의 버스가 움직일 때 까지 기다린 후 다시 가운데로 이동하도록 코딩합니다. 강아지가 타고 있지 않으므로 사용자가 탭을 할 경우 버스가 흔들거리도록 코딩해줍니다.

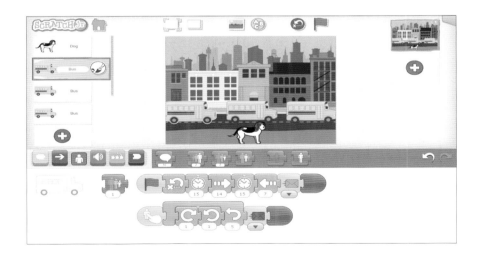

- 두 번째 버스도 강아지가 탈 때까지 기다렸다가 왼쪽 끝까지 이동하고, 다른 2대의 버스가 움직일 때까지 기다린 후 오른쪽 끝까지 이동하도록 코딩합니다. 사용자가 탭을 하면 사라지면서 강아지가 나타나도록 코딩해줍니다.

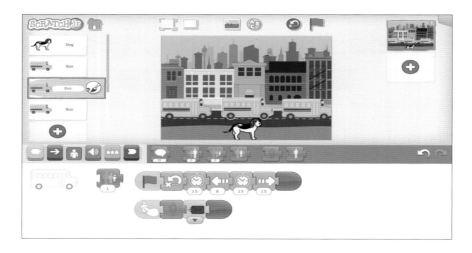

- 세 번째 버스는 강아지가 버스에 타고, 2대의 버스가 움직인 후 왼쪽 끝까지 이동하도록 코딩해줍니다. 첫 번째 버스와 마찬가지로 사용자가 탭을 할 경우 버스가 흔들거리도록 코딩해줍니다.

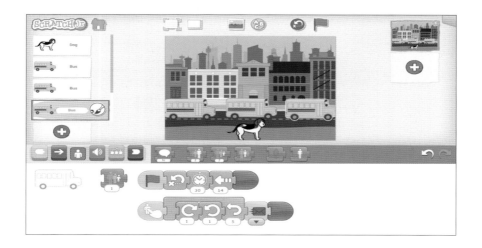

④ 비행사(Pilot)의 스크립트를 코딩합니다.

- 비행사는 게임을 설명하는 역할을 합니다. '말하기' 블록을 활용하여 강아지를 찾았을 때와 찾지 못했을 때 다르게 반응하도록 스크립트를 작성해줍니다.

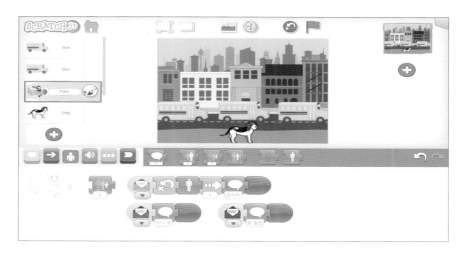

⑤ 프레젠테이션 모드에서 프로젝트를 확인하고 프로젝트를 저장합니다.

4. 프로젝트 비교하기

• 강아지(Dog) 1

• 강아지(Dog) 2

- '탭하여 시작하기' 블록과 '팝' 블록을 활용하여 코끼리를 탭했을 때 사라지도록 코딩합니다.

③ 다른 동물들의 스크립트도 코딩합니다.

- 코끼리의 스크립트를 드래그하여 돼지(Pig)의 스크립트에 복사합니다.

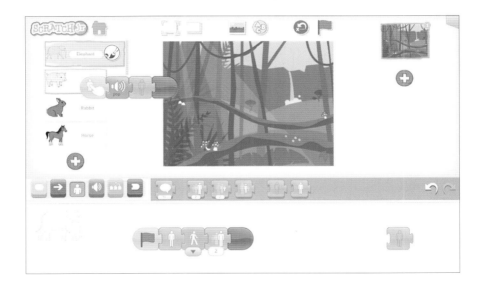

- '기다리기' 블록을 활용하여 코끼리보다 5만큼 늦게 실행되도록 코딩합니다.

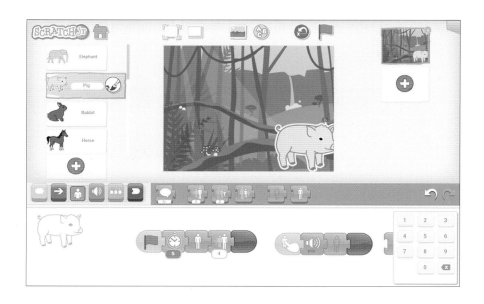

- 다른 동물들도 돼지의 스크립트를 복사하고 '기다리기' 블록의 시간과 '보이기' 블록의 확대 크기를 캐릭터에 맞게 설정해 줍니다.

④ 프레젠테이션 모드에서 프로젝트를 확인하고 프로젝트를 저장합니다.

4. 프로젝트 비교하기

- 코끼리(Elephant)

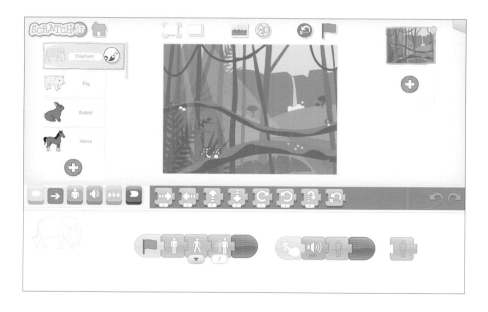

- 돼지(Pig)

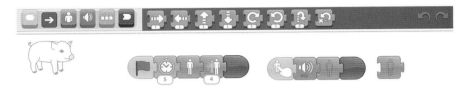

- 말(Horse)

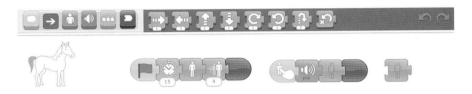

- 얼룩말(Zebra)

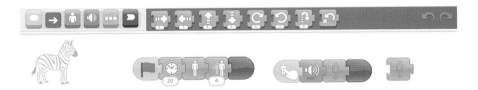

- 원숭이(Monkey)

- 토끼(Rabbit)

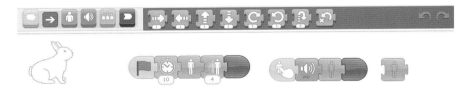

- 기린(Giraffe)

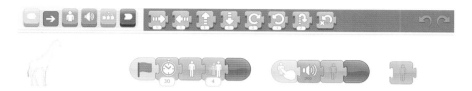

- 개구리(Frog)

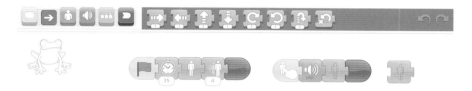

- 도마뱀(Lizard)

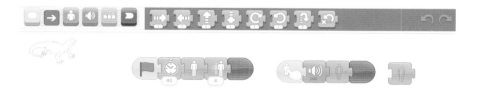

- 뱀(Snake)

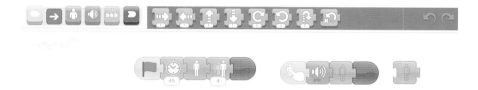

- 새(Bird)

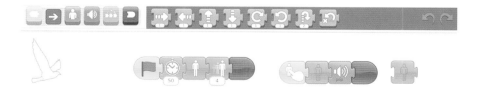

• 나비(Butterfly)

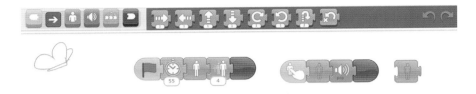

5. 바꿔 보기

• 동물들이 더욱 빠르게 나타나게 바꿔 보세요.

• 게임이 끝나면 '성공'이라는 글자가 나타나도록 추가해 보세요.

• 풍선 터트리기 게임을 만들어 보세요.

프로젝트 7. 다른 반 친구 찾기(Find your friends)

파티에서 친구들이 반갑게 인사를 나눕니다. 6명의 친구들 중 나와 다른 반 친구는 누구일까요? 기억력 테스트 게임을 만들어보세요.

1. 프로젝트 미리보기

다른 반 친구 찾기

2. 생각해보기

① 같은 반 친구들이 인사하는 스크립트를 빠르게 코딩할 수 있는 방법은 무엇일까요? 스크립트 복사 기능을 활용해 보세요.

② 배경이 다른 이야기를 새롭게 추가하려면 어떻게 해야 할까요? 새로운 장면을 추가하여 기억력 테스트 게임을 더 재미있게 만들어 보세요.

① 배경을 바꾸고 캐릭터를 추가합니다.

• 파란색 반팔 여자아이(Child), 분홍치마 여자아이(Child), 보라색
반팔 남자아이(Child) 캐릭터를 추가하고 자리를 잡아줍니다.

• 두 번째 장면도 배경을 바꾸고 캐릭터를 추가합니다.

② 첫 번째 장면에서 이이들(Child)의 스크립트를 코딩합니다.

- 말하기 블록을 활용하여 "안녕! 저녁때 파티에서 만나^^" 문구가 나오도록 파란색 반팔 여자아이(Child)의 스크립트를 코딩합니다.

- 블록을 드래그하여 다른 아이들에게도 같은 블록을 복사해줍니다.

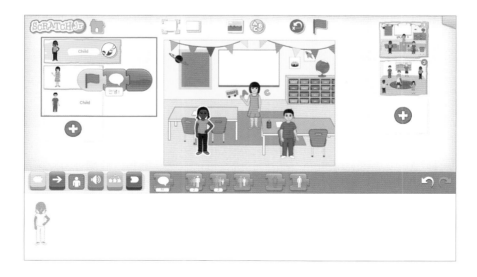

- 기다리기 블록을 사용하여 시간 간격을 두고 문구가 출력되도록 코딩해줍니다. 보라색 반팔 남자아이의 문구가 출력된 후에는 다음 장면으로 넘어가도록 코딩해줍니다.

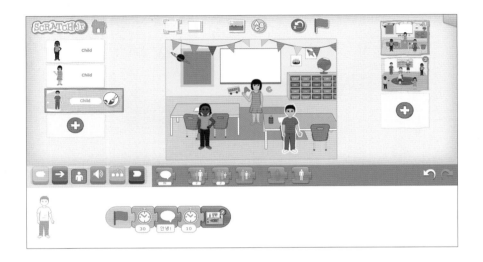

③ 두 번째 장면의 스크립트를 코딩합니다.

- 빨간 머리 여자(Teen)는 게임을 설명하는 역할을 합니다. "다른 반 친구를 찾아보세요!" 문구 출력 후 사라지도록 코딩해줍니다.

- 빨간 머리 여자가 사라지면서 메시지를 보내면 6명의 아이들이 나타나도록 코딩해줍니다. 같은 반 친구들과 다른 반 친구들의 반응을 다르게 코딩해줍니다.

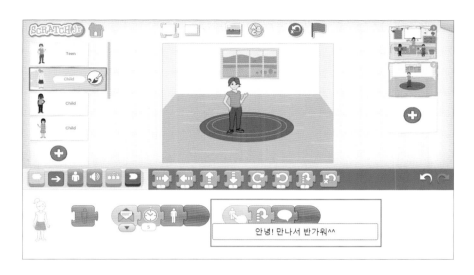

④ 프레젠테이션 모드에서 프로젝트를 확인하고 프로젝트를 저장
   합니다.

① 첫 번째 장면

- 파란색 반팔 여자아이(Child)

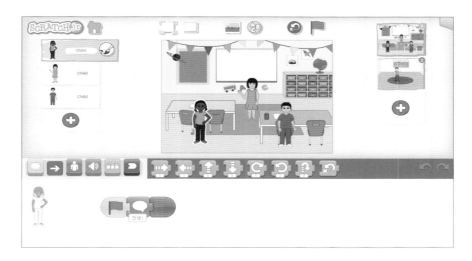

- 분홍치마 여자아이(Child)

- 보라색 반팔 남자아이(Child)

② 두 번째 장면

• 빨간 머리 여자(Teen)

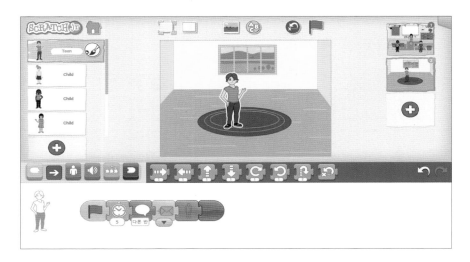

• 보라색 치마 여자아이(Child)

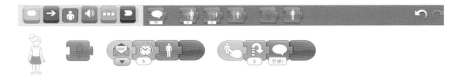

• 파란색 반팔 여자아이(Child)

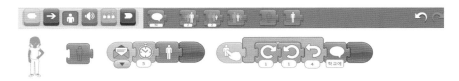

• 분홍치마 여자아이(Child)

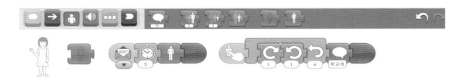

- 노란 머리 남자아이(Child)

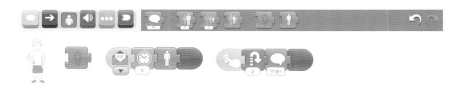

- 노란색 긴팔 남자아이(Child)

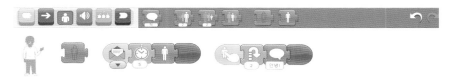

- 보라색 반팔 남자아이(Child)

5. 바꿔보기

- 더 많은 캐릭터를 추가하여 기억력 게임을 더 재미있게 바꿔보세요.
- 스크래치주니어에서 제공하는 다양한 캐릭터와 그림편집기 툴을 이용하여 동물, 식물, 물건 등 다양한 기억력 게임을 만들어보세요.

프로젝트 8. 자동차를 피해요(Avoiding Cars)

요정이 자동차와 새를 피해서 우주로 날아가려고 합니다. 다양한 시작 블록들을 활용하여 캐릭터 피하기 게임을 만들어 보세요.

1. 프로젝트 미리보기

동물잡기 게임

2. 생각해 보기

① 요정을 움직이는 방법에는 어떤 것들이 있을까요? 스크립트를 시작하는 방법에는 어떤 것들이 있었는지 생각해 보세요.

② 요정이 다른 캐릭터와 부딪혔을 때 어떤 상황이 일어나면 게임이 재미있을까요? 게임에 실패했을 때와 성공했을 때 어떤 반응이 나오면 좋을지 생각해 보세요.

① 배경을 바꾸고 캐릭터를 추가합니다.

- 요정(Fairy), 새(Bird), 자동차(Car), 해(Sun) 캐릭터를 추가하고 해의 크기를 조절합니다.

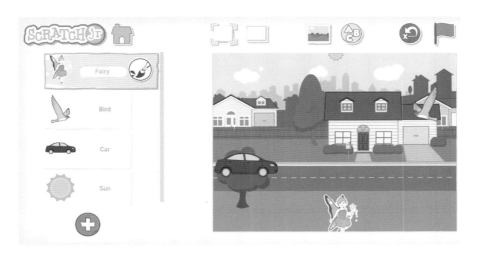

- 두 번째 장면도 배경을 바꾸고 캐릭터를 변경합니다.

② 첫 번째 장면에서 새(Bird)와 자동차(Car)의 스크립트를 코딩합니다.

• 새는 왼쪽으로 날아가며, 부딪혔을 때 '팝'소리와 함께 요정에게 시작 메시지를 보내도록 코딩합니다. 새가 계속해서 날아다니도록 '무한 반복' 블록을 활용합니다.

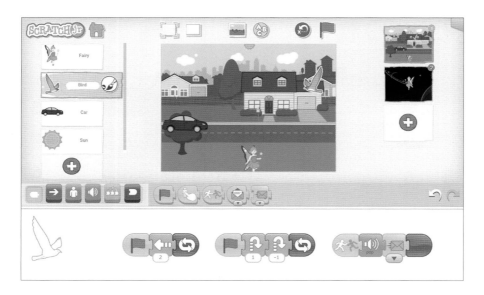

• 자동차는 오른쪽으로 지나가며, 부딪혔을 때 '조심해!'라는 메시지와 함께 요정에게 시작 메시지를 보내도록 코딩합니다. '속도 조절' 블록을 활용하여 자동차 빠르게 지나가도록 조절합니다.

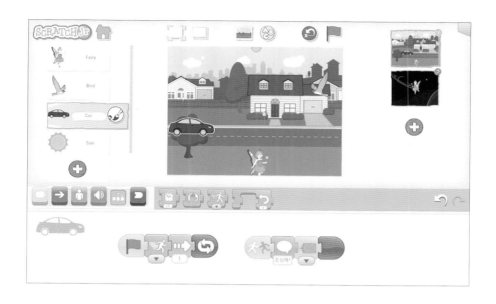

③ 요정(Fairy)과 해(Sun)의 스크립트를 코딩합니다.

• 요정은 탭했을 때 한 칸씩 위로 올라가도록 코딩합니다. '시작
위치로 이동' 블록을 활용하면 새나 자동차에게 부딪혀 메시지
를 받을 경우, 처음 위치로 돌아가게 할 수 있습니다.

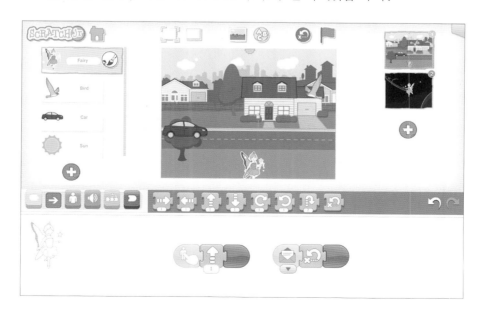

- 해는 요정이 무사히 위쪽까지 올라가면(게임 성공) 다음 장면으로 넘어가도록 하는 역할을 합니다. '닿아서 시작하기' 블록과 '페이지 이동' 블록을 활용하여 요정이 닿으면 다음 장면으로 넘어가도록 코딩해 줍니다.

④ 두 번째 장면의 스크립트를 코딩합니다.

- 게임에 성공하면 우주로 날아온 요정이 '다왔다!'라고 말하고 스크립트를 종료합니다.

⑤ 프레젠테이션 모드에서 프로젝트를 확인하고 프로젝트를 저장
   합니다.

1) 장면 1

• 요정(Fairy)

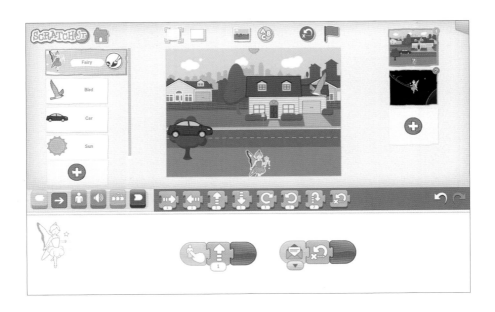

• 새(Bird)

• 자동차(Car)

• 해(Sun)

2) 장면 2

• 요정(Fairy)

• 자동차와 새의 속도를 바꿔서 게임 난이도를 조절해 보세요.

• 요정이 다른 캐릭터와 부딪혔을 때 '아야!'라는 소리가 나도록 추 가해 보세요.

• 요정이 다른 캐릭터와 부딪히면 게임이 멈추도록 스크립트를 수 정해 보세요.

프로젝트 9. 재미있는 숫자놀이(Funny Numbers)

스크래치 고양이가 내는 더하기 문제를 해결하는 프로젝트입니다. 그림 편집기를 활용해 다양한 산수 문제를 만들면서 자연스럽게 숫자를 익혀 보세요.

1. 프로젝트 미리보기

재미있는 숫자놀이

2. 생각해 보기

① 스크래치 주니어에서 기본으로 제공하지 않는 새로운 캐릭터를 만들려면 어떻게 해야 할까요? 그림 편집기를 활용해서 새로운 캐릭터를 만들어 보세요.

② 정답과 오답에 따라 어떤 반응이 제시되면 좋을까요? 더하기 문제를 맞혔을 때와 틀렸을 때 어떤 반응이 나오면 좋을지 생각해 보세요.

① 더하기 문제를 내기 위해 새로운 캐릭터들을 만듭니다.

• 캐릭터 선택창에서 사과를 선택 후 그림 편집기를 실행합니다. '복사하기' 버튼을 선택한 상태에서 사과를 탭하면 사과가 하나 더 만들어집니다. 같은 방식으로 사과 3 캐릭터와 사과 4 캐릭터를 만들어 줍니다.

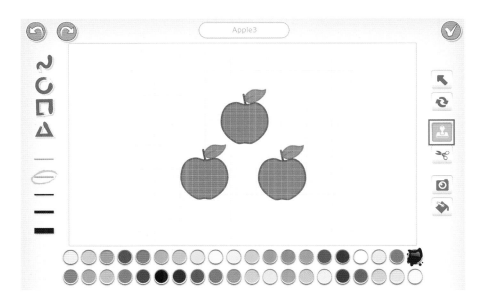

- 그림 편집기의 다양한 기능을 활용하여 더하기, 등호, 물음표, X 표시 1과 2, O 표시, 숫자 6, 7, 8 등의 캐릭터들을 만들어 줍니다.

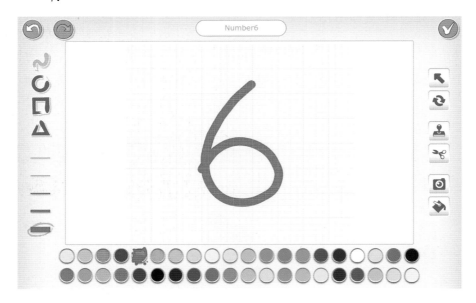

- 만든 캐릭터들을 무대에 적절히 배치합니다.

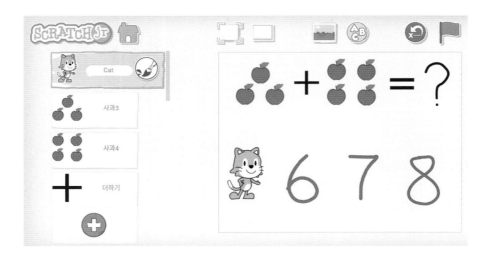

② 더하기 문제에 대한 스크립트를 코딩합니다.

• '말하기' 블록을 활용하여 고양이를 탭하면 고양이가 문제를 말하도록 만들어 줍니다.

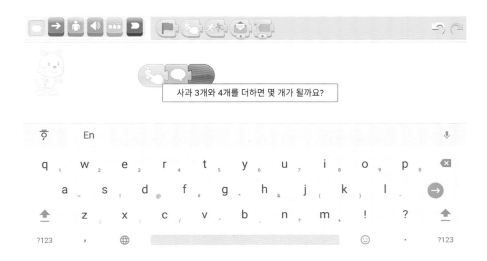

③ 정답 여부에 따라 다른 반응이 나타나는 스크립트를 코딩합니다.

• 각 숫자를 탭하면 '팝' 소리와 함께 시작 메시지를 보내도록 스크립트를 작성합니다.

- 정답을 탭하면 O 표시가 나타나고 오답이면 X 표시가 나타나도록 코딩해 줍니다.

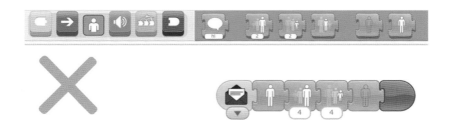

- 정답 여부에 따라 고양이(Cat)가 다르게 반응하도록 스크립트를 작성해 줍니다.

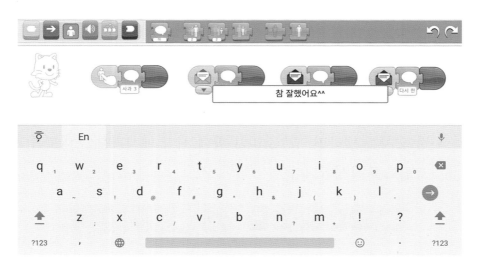

④ 프레젠테이션 모드에서 프로젝트를 확인하고 프로젝트를 저장 합니다.

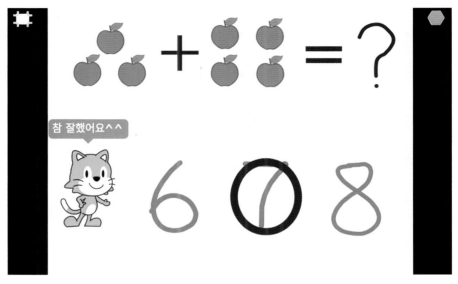

• 고양이(Cat)

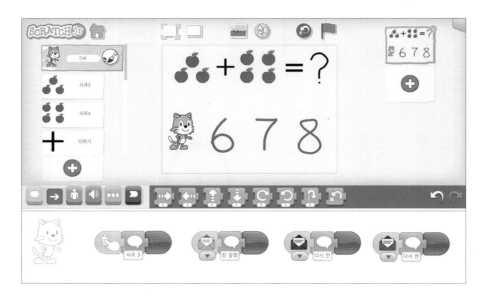

• 숫자 6

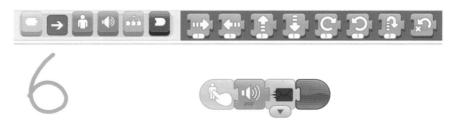

• 숫자 7

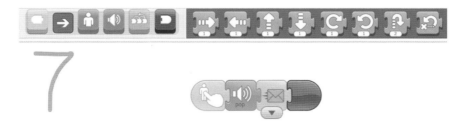

• 숫자 8

• X 표시 1

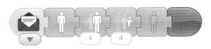

• X 표시 2

• O 표시

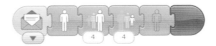

5. 바꿔 보기

- 사과 대신 다른 과일로 더하기 문제를 만들어 보세요.

- 더하기 대신 빼기 문제를 만들어 보세요.

- 오답일 경우 정답에 대한 힌트가 나오도록 스크립트를 수정해 보세요.

프로젝트 10. 미로 통과하기(Maze Game)

방향키를 탭하여 캐릭터가 미로를 통과하게 만드는 프로젝트입니다. 지금까지 배운 블록들과 그림 편집기의 기능을 활용하여 미로 통과하기 게임을 만들어 보세요.

1. 프로젝트 미리 보기

미로 통과하기

① 어떤 미로를 만들면 좋을까요? 그림 편집기를 활용하여 멋진 미로를 만들어 보세요.

② 방향키를 탭해서 캐릭터를 움직이게 하려면 어떻게 해야 할까요? 메시지 블록을 활용하여 캐릭터를 탭하지 않고도 캐릭터가 움직이게 만들어 보세요.

3. 프로젝트 만들기

① 그림 편집기를 활용하여 미로 배경을 만듭니다.

• 그림 편집기 왼편 네모 그리기 툴과 페인트 툴을 활용하면 쉽게 미로를 그릴 수 있습니다.

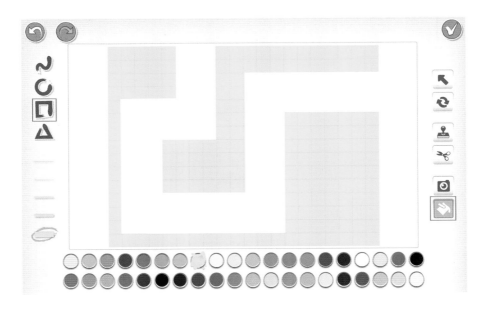

② 그림 편집기를 활용하여 방향키와 풍선 캐릭터를 만듭니다.

- 그림 편집기 왼편 세모 그리기 툴과 페인트 툴을 활용하여 방향키를 그려 줍니다. 먼저 위쪽 방향키를 그린 후 그림 편집기 회전 툴을 활용하면 나머지 방향키도 쉽게 만들 수 있습니다.

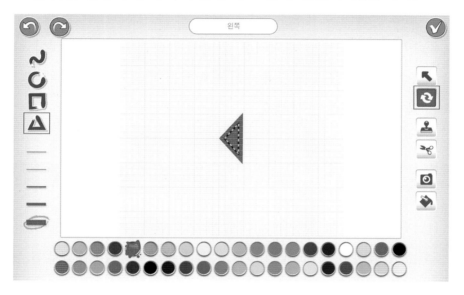

- 그림 편집기 왼편 원 그리기 툴과 선 그리기 툴, 페인트 툴을 활용하여 풍선을 그려 줍니다. 다양한 색상의 풍선을 여러 개 만들어 줍니다.

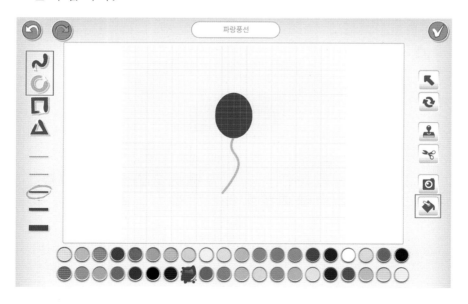

③ 캐릭터를 추가하고 무대에 배치합니다.

  • 풍선은 미로를 통과하면 나타나도록 숨겨 둡니다.

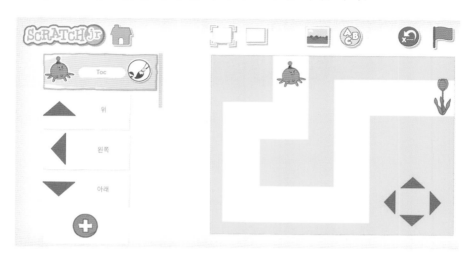

④ 방향키와 톡(Toc)의 스크립트를 코딩합니다.

  • 방향키는 탭했을 때 톡에게 서로 다른 메시지를 보내도록 스크
    립트를 작성합니다.

  • 톡은 각 방향키로부터 메시지를 받으면 방향에 맞게 한 칸씩 움
    직이도록 스크립트를 작성합니다.

⑤ 튤립(Tulip)과 풍선들의 스크립트를 코딩합니다.

• 튤립에 다른 캐릭터가 닿으면 풍선들에게 메시지를 전달하도록
스크립트를 작성합니다.

• 풍선은 튤립에게 메시지를 받으면 나타났다가 사라지도록 스크
립트를 작성합니다. '기다리기' 블록을 활용하면 시차를 두고
풍선이 나타나도록 할 수 있습니다.

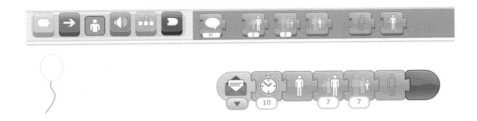

⑥ 프레젠테이션 모드에서 프로젝트를 확인하고 프로젝트를 저장
합니다.

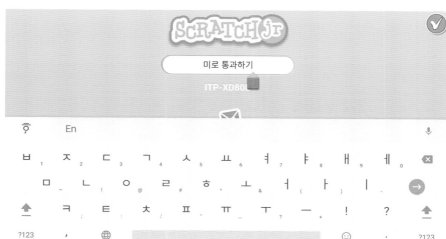

4. 프로젝트 비교하기

• 톡(Toc)

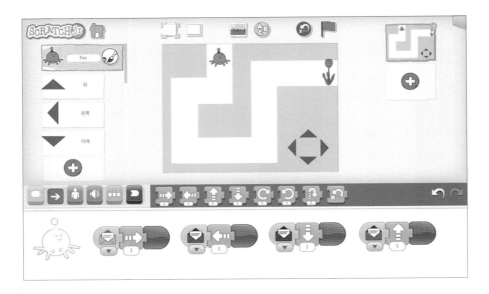

• 위

• 왼쪽

스크래치 주니어로 시작하는 우리 아이 첫 코딩 with QR코드

• 아래

• 오른쪽

• 튤립(Tulip)

• 빨강 풍선

• 파랑 풍선

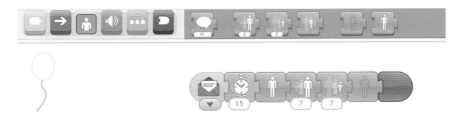

• 초록 풍선

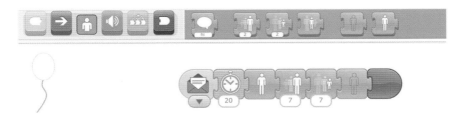

• 보라 풍선

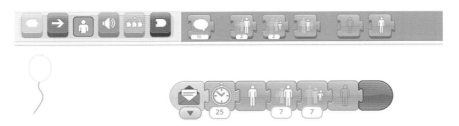

• 분홍 풍선

5. 바꿔 보기

- 여러 가지 미로를 만들고, 다음 장면에서 새로운 미로가 시작되
  도록 바꿔 보세요.
- 캐릭터가 미로의 벽에 닿으면 처음 자리로 돌아가게 만들어 보세
  요. (힌트. 네모 캐릭터를 추가하여 벽 주변에 세우기)

참고 문헌

· 금효영, 차두원 (2017). 스크래치 주니어 쉽게 배우기. 서울: 한스미디어.

· 김민정, 정희진 (2017). 디지털 스토리텔링 기반의 아동코딩교육 콘텐츠의 특징과 시사점 연구. 한국디자인문화학회지, 23(1), 21-31.

· 안경미, 손원성, 최윤철 (2011). 스크래치 프로그래밍 교육이 초등학생의 학습 몰입과 프로그래밍 능력에 미치는 효과. 정보교육학회논문지, 15(1), 1-10.

· 이연승, 성현주 (2017). 코딩용 로봇, 비봇(Bee-Bot)을 활용한 수학적 문제해결력 증진 프로그램 개발 및 효과. 어린이미디어연구, 16(3), 261-281.

· 정덕현, 최성일 (2018). 엄마 아빠와 함께하는 난생 처음 코딩(스크래치 주니어). 서울: 디지털북스.

· 정영식, 김철 (2014). 소프트웨어 제작 분야의 성취 목표, 교수학습 방법 및 평가 방법에 관한 연구. 정보교육학회논문지, 18(1). 185-193.

· Bers, M. U., Resnick, M. (2016). 스크래치 주니어로 배우는 맨 처음 코딩(스크래치 주니어 공식 가이드북)[The Official Scratchjr Book(Help Your Kids Learn to Code)]. (고정아 역). 서울: 뭉치. (원저 2015년 출판)

· Daniel, H. P. (2007). 새로운 미래가 온다.[A Whole New Mind]. (김명철 역). 서울: 한국경제신문사(한경비피). (원저 2006년 출판)

· Jinyoung, G., Seongjoo, L., Kyungchul, K. (2018). Recognition for early childhood software education in early childhood teachers. The Asian International Journal of Life Sciences, 17(2), 691-697.

· 橋爪 香織 (2016). 처음 시작하는 코딩(MIT 스크래치 주니어로 배우는)[5才からはじめるすくすくプログラミング (單行本)]. (강현정 역). 서울: 지브레인. (원저 2014년 출판)

개정판

스크래치주니어로 시작하는 우리 아이
첫코딩 with QR코드

| 2019년 | 2월 | 10일 | 1판 | 1쇄 | 발 행 |
| 2021년 | 7월 | 25일 | 2판 | 1쇄 | 발 행 |

지 은 이 : 김경철 · 이성주 · 오아름

펴 낸 이 : 박정태

펴 낸 곳 : **광 문 각**

10881
경기도 파주시 파주출판문화도시 광인사길 161
광문각 B/D 4층
등   록 : 1991. 5. 31 제12 - 484호
전 화(代) : 031-955-8787
팩   스 : 031-955-3730
E - mail : kwangmk7@hanmail.net
홈페이지 : www.kwangmoonkag.co.kr

ISBN : 978-89-7093-526-3   93560

값 : 16,000원

한국과학기술출판협회회원
KSPA

저자와 협의하여 인지를 생략합니다.